21世纪技能创新型人才培养系列教材 计算机系列

微课版

网页设计
制作基础教程
(Dreamweaver+ Photoshop+Flash)

主 审／刘银冬

主 编／代丽杰 宋宝山 文 娜

副主编／菅 娜 孙继荣 申忠华 牛 立 吴 畏 孔 梅

赵 波 王秀丽 瞿淑曼 李 焱 焦常恺 杨 扬

安 娜 吴光友 武光远 张海强 谭 英

中国人民大学出版社

·北京·

图书在版编目（CIP）数据

网页设计制作基础教程：Dreamweaver+Photoshop+
Flash / 代丽杰，宋宝山，文娜主编. －－北京：中国人
民大学出版社，2021.8

21世纪技能创新型人才培养系列教材·计算机系列
ISBN 978-7-300-29649-4

Ⅰ. ①网⋯ Ⅱ. ①代⋯ ②宋⋯ ③文⋯ Ⅲ. ①网页制
作工具－教材 Ⅳ. ① TP393.092

中国版本图书馆 CIP 数据核字（2021）第 141135 号

21世纪技能创新型人才培养系列教材·计算机系列

网页设计制作基础教程（Dreamweaver+Photoshop+Flash）

主　审　刘银冬
主　编　代丽杰　宋宝山　文　娜
副主编　菅　娜　孙继荣　申忠华　牛　立　吴　畏　孔　梅　赵　波　王秀丽　瞿淑曼　李　焱
　　　　焦常恺　杨　扬　安　娜　吴光友　武光远　张海强　谭　英
Wangye Sheji Zhizuo Jichu Jiaocheng (Dreamweaver+Photoshop+Flash)

出版发行	中国人民大学出版社		
社　　址	北京中关村大街 31 号	**邮政编码**	100080
电　　话	010 - 62511242（总编室）		010 - 62511770（质管部）
	010 - 82501766（邮购部）		010 - 62514148（门市部）
	010 - 62515195（发行公司）		010 - 62515275（盗版举报）
网　　址	http://www.crup.com.cn		
经　　销	新华书店		
印　　刷	北京密兴印刷有限公司		
规　　格	185 mm × 260 mm　16 开本	**版　　次**	2021 年 8 月第 1 版
印　　张	19.5	**印　　次**	2022 年 1 月第 2 次印刷
字　　数	455 000	**定　　价**	52.00 元

随着 Internet 技术及其应用的不断发展，网络对于我们的生活、学习和工作的影响越来越大。网站是 Internet 提供服务的门户和基础，网页又是宣传网站的重要窗口。内容丰富、制作精美的网页会吸引越来越多的访问者浏览，这是网站生存和发展的关键。

Dreamweaver 是网页设计与制作领域中用户多、应用广、功能强的软件之一，无论在国内还是在国外，它都备受专业 Web 开发人员喜爱。Photoshop 是专业的图像设计软件，Flash 软件是动画制作软件，三者的搭配，无疑是当今网页设计的无敌梦幻组合。

全书共分五个模块，从基础知识入手，以实例操作的形式深入浅出地讲解网页制作与网站建设的各种知识和操作技巧。

本书主要内容如下：

模块一——网页制作基础知识。内容包括网页制作的基础知识、网站建设规范和基本流程、网页的配色方法。

模块二——Dreamweaver 制作网页。内容包括 Dreamweaver 工作环境、站点的搭建与管理、文本网页的创建、绚丽多彩的图像和多媒体网页的创建、创建超级链接、使用表格布局网页、使用框架布局网页、使用 CSS 修饰美化网页、使用 CSS+DIV 布局网页、使用模板和库提高网页制作效率、使用行为和 JavaScript 为网页增添活力。

模块三——Flash 动画制作。内容包括 Flash 软件的使用、Flash 绘图工具的使用、典型 Flash 动画的制作方法、Flash 中元件的使用。

模块四——Photoshop 图像技术。内容包括图像的选取、色彩的调整、图层的使用、文字的设计、网页图像的输出。

模块五——测试和发布。内容包括网站的发布与推广、网站的安全。

根据现代职业学校的教学方向和教学特色，我们对本书的编写体系做了精心的设计。模块按照"软件基本知识讲解—课堂范例解析—课堂综合案例—课后习题巩固"这一思路进行编排，力求通过课堂范例解析，使学生快速熟悉网页设计理念和软件功能；通过软件相关功能解析使学生深入学习软件功能和制作特色；通过综合案例演练和课后习题演练，拓展学生的实际应用能力。

在内容编写方面，力求细致全面、重点突出；在文字叙述方面，注意言简意赅、通俗易懂；在案例选取方面，强调案例的针对性和实用性。

由于编者水平有限，时间比较仓促，书中难免有疏漏和不妥之处，恳请广大读者提出宝贵意见。

编者

C O N T E N T S 目录

网页制作基础知识

浏览 Web 时所看到的文件称为 Web 页，又称为网页。它能通过超链接将各种文档组合在一起，形成一个大规模的信息集合。

学习目标

- 了解什么是网页，以及网页的分类与结构。
- 学习网页制作与网站建设基础。
- 掌握网页的基本构成元素。
- 掌握网页制作常用软件和技术。

1.1 认识 Web 服务

1.1.1 网页的含义

网页可以将不同类型的多媒体信息（例如文本、图像、声音和动画等）组合在一个文档中。由于这些文档是用超文本标记语言（Hyper Text Markup Language，HTML）表示的，其文件名一般以 .htm 或 .html 结尾，因此又称为 HTML 文档或超文本。超文本可以给浏览者带来视觉和听觉的享受，所以 Web 技术又称为超媒体技术。一个 Web 站点由一个或多个 Web 页组成，这些 Web 页相互连接在一起，存放在 Web 服务器上，以供浏览者访问。浏览者通过 Web 页可以进行跳跃式的查询与浏览，可以在世界各地的计算机之间自由、高效率地选择和收集各种各样的信息，而不必知道所浏览的信息来自哪台计算机。

Web 所包含的是双向信息。一方面，浏览者可以通过浏览器浏览他人的信息；另一方面，浏览者也可以通过 Web 服务器建立自己的网站并发布自己的信息。

1.1.2 网页的分类

根据网页的交互性，可将网页分为静态网页与动态网页。

1. 静态网页

静态网页是网站提供的最基本的内容，使用 HTML 描述，它包括文本、表格、图像以及其他内容，不同用户访问时内容均相同。静态网页只要将放在网站服务器上的文件授权用户访问即可。静态网页的文件后缀名一般为：.htm、.html、.shtml、.xml 等。

2. 动态网页

动态网页内容随不同用户、不同访问的需求而发生变化，网页中不仅包含 HTML 代码，同时也包含在 Web 服务器端执行的脚本程序代码。用户可以访问服务器端的资源，服务器将用户请求的资源，通过浏览器呈现给用户。动态网页的文件后缀名一般为：.asp、.jsp、.php、.perl、.cgi 等。

1.1.3　网页的结构

由图 1-1 可以看出，Web 站点并不是孤立存在的，它包括了多个页面与多种元素。一个真正的网站是由许多页面和超链接组成的，并由服务器发布。浏览者可以通过浏览器对 Web 站点进行浏览。

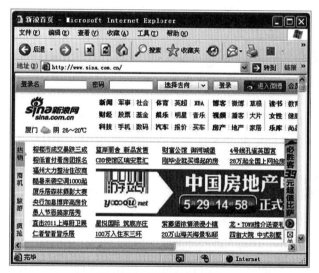

图 1-1　浏览器与主页

Web 页包括的主要元素有：文本、图像、超链接、导航栏、表格、多媒体及特殊效果、表单等。

1. 文本

文本是重要的信息载体和交流工具，网页的主体一般以文本为主。在制作网页时，可以根据需要设置文本的字体、字号、颜色以及所需要的其他格式。

2. 图像

图像在网页中可以起到提供信息、展示作品、美化网页以及体现风格等功效。图像可以用作标题、网站标志（Logo）、网页背景、链接按钮、导航栏、网页主图等。浏览者可以在网页中使用多种图像文件格式，使用最多的是 JPEG 和 GIF 格式。

网页中的图像不宜太多，否则将影响网页的传输速率。

3. 超链接

超链接是从一个网页指向另一个网页的链接，该链接既可以指向本地网站的另一个网页，也可以指向世界各地的其他网页。

当浏览者单击超链接时，其指向的网页的内容将显示在浏览者的 Web 浏览器中。不论是文字还是图像，都可以设置为超链接。

超链接一般包括两种类型：站内链接和站外链接。

4. 导航栏

导航栏是网站设计者在规划网站结构时必须考虑的一个问题。

设置导航栏的目的是使浏览者能够顺利地浏览网页，避免迷失方向。导航栏能使浏览者方便地返回主页或继续下一页的访问。导航栏可以是按钮、文本或图像的样式。站点的每个网页上均应设置导航栏，并且应将其放置在网页中比较明显的位置。

5. 表格

在网页中设置表格是控制网页页面布局的有效方法。为了达到理想的视觉效果，通常不显示表格的边框。使用表格辅助布局，可以体现网页横竖分明的风格。

6. 多媒体及特殊效果

为了吸引更多的浏览者，许多网页还包含声音、动画、视频等多媒体元素以及悬停按钮、Java 控件、ActiveX 控件等特殊效果。

7. 表单

表单是一种特殊的网页元素，通常用于收集信息或实现一些交互式的效果。表单的主要功能是接收浏览者在浏览器端的输入信息，然后将这些信息发送到服务器端。例如，申请电子邮箱就需要填写一系列的表单。在图 1-1 所示的页面中，用户登录的登录名、密码、搜索引擎等都是表单。

1.2 网站与网页

1.2.1 网页、网站和主页的关系

1. Web 页面

Web 页面就是在浏览器里看到的网页，是一个单一的文件。

2. 网页

网页是人们用 HTML 所编写的内容丰富的页面。网页里不仅有原来的文本内容，也可以有超出文本以外的内容，如图像、链接、声音以及视频等。每一个网页都是磁盘上的一个文件，可以单独浏览。

3. 网站

网站是由大量内容相关的网页通过超链接的形式组织成一个逻辑上的整体。网站的组成部分如下：

（1）硬件：连接到网络的计算机，包括各种服务器。

（2）软件：在服务器上运行的网络操作系统、Web 服务器、应用程序服务器软件等。

（3）各种信息服务的文件资源，如网页文件、图像文件、声音文件、数据库等。

4. 主页

主页（或首页）是网站中的第一页。与一般网页的不同之处在于，主页是各个子网页的集合，是网站的出发点。在主页中有网站的导航栏、链接到网站内各分页的地址、图片、动画等。主页总是与一个网址（URL）相对应，可以带领用户走进一个网站。

网站 http://www.sina.com 的主页名称为 index.html，读者在 IE（Internet Explorer）浏览器地址栏输入 http://www.sina.com//index.html，即会打开如图 1-1 所示的结果。

在主页里，应该给出这个站点的基本信息和主要内容，使浏览的用户看到后就可以知道该站点的基本内容，知道这里的信息是否可用，是否继续浏览下去。因此，主页的作用比其他网页更为重要，在设计和制作时必须仔细考虑。

如果把互联网视为一个图书馆，那么网站就是图书馆中的书，网页则相当于书的某一页，首页就是书的封面。

1.2.2 网站制作流程

网页的功能强大，内容丰富。做一个网页是简单的，但要做好一个网站则是非常复杂、困难的工作。开发一个优秀的网站并不能随心所欲，必须遵循一定的工作流程，网站制作流程一般分为 3 个阶段，如图 1-2 所示。

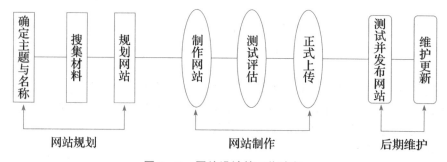

图 1-2 网站设计的工作流程

1. 网站规划

（1）确定网站的主题与名称。

网站主题是指建立的网站所要包含的主要内容。例如，旅游、娱乐休闲、体育、新闻、教育、医疗、时尚等。其中每一大类又可进一步细化为若干小类。一般来说，确定网站主题应遵循以下原则：

1）主题鲜明。一个网站必须有一个明确的主题，在主题范围内做到内容全而精。

2）明确设立网站的目的。

3）体现个性。把自己的兴趣、爱好尽情地发挥出来，突出自己的个性，创建出具有自己特色的网站。

在个人主页中，网站的名称起着很重要的作用，它在很大程度上决定了整个网站的定位。一个好的名称必须有概括性、简洁、有特色、容易记，还要符合网站的主题和风格。

（2）搜集材料。

确定网站主题后，要围绕主题搜集材料，作为制作网页的素材。搜集的材料越多，制作网站越容易。材料既可以从图书、报纸、光盘、多媒体上获得，也可以从网上搜集。对搜集到的材料应去粗取精，去伪存真。

（3）规划网站。

规划网站就像设计师设计大楼一样，只有图纸设计好了，才能建成一座漂亮的楼房。规划网站时，首先应把网站的内容列举出来，然后根据内容列出一个结构化的蓝图，再根据实际情况设计各个页面之间的链接。规划网站的内容时应考虑栏目的设置、目录结构设计、网站的风格（即颜色搭配、网站 Logo、版面布局、图像的运用）等。

1）主题栏的设置。

在设计网站的主题栏与板块时应注意以下几个问题：

● 突出主题。把主题栏放在最明显的地方，让浏览者快速、明确地知道网站所表现的内容。

● 设计一个"最近更新"栏目，让浏览者能够一目了然地知道更新内容。

● 栏目不要设置太多，一般不超过 10 个。

2）目录结构设计。

目录结构设计一般应注意以下问题：

● 按栏目内容建立子目录。

● 每个目录下分别为图像文件创建一个子目录 image（图像较少时可不创建）。

● 目录的层次不要太深，主要栏目最好能直接从首页到达。

● 尽量使用意义明确的非中文目录名称。

3）颜色搭配。

合理地使用色彩是非常关键的，不同的色彩搭配会产生不同的效果，并能影响浏览者的情绪。网页选用的背景应与页面的色调相协调，色彩搭配要遵循和谐、均衡、重点突出的原则。

4）网站 Logo。

Logo 最重要的作用就是表达网站的理念、便于人们识别，它广泛地应用于站点的链接和宣传中。如同商标，Logo 是站点特色和内涵的集中体现。如果是企业网站，最好在企业商标的基础上设计，以保持企业形象的整体统一。

设计 Logo 的原则是：以简洁、符号化的视觉艺术把网站的形象和理念展示出来。

5）版面布局。

网页页面的整体布局是不可忽视的，要合理地运用空间，使网页疏密有致，井井有条。版面布局应遵循的一般原则是：突出重点、平衡和谐、将网站 Logo、主菜单等较为重要的模块放在突出的位置，然后再排放次要模块（例如搜索、友情链接、计数器、版权信息、E-mail 地址等）。

此外，其他页面的设计应与首页保持相同的风格，并有返回首页的链接。

6）图像的运用。

网页上应适当地添加一些图像，使用图像一般应注意以下几个问题：

● 图像是为网页内容服务的，不能让图像喧宾夺主。

● 图像要兼顾大小和美观。图像不仅要好看，还应在保证图像质量的情况下尽量缩小图像的大小（即字节数）。图像过大将影响网页的传输速率。

● 合理地采用 JPEG 和 GIF 图像格式。颜色较少的（256 色以内）图像，可处理为 GIF 格式；色彩比较丰富的图像，最好处理为 JPEG 格式。

2. 网站制作

（1）制作网站。

制作网站主要包括以下几个步骤：

1）建立本地站点。建立站点根文件夹，用于存放首页、相关网页和网站中用到的其他文件。

2）在站点根文件夹下创建子文件夹。为了使文件安排比较清晰，应将页面文件和图像文件分开存放。

3）向站点添加所需要的空网页。

4）设计网页尺寸。

5）设置网页属性，包括页面标题、背景图像、背景颜色、链接颜色、文字颜色等。

6）向网页中插入文本、图形图像、动画等对象。

7）建立所需要的超级链接。

8）预览和保存网页。

（2）测试与上传。

测试与上传是不可分割的两项工作。

制作完毕的网页，必须进行测试。测试主要包括上传前的兼容性测试、链接测试和上传后的实地测试。完成上传前所需要的测试后，利用 FTP 工具将网页发布到所申请的主页服务器上。网站上传之后，继续通过浏览器进行实地测试，发现问题，及时修改，然后再上传测试。

3. 后期维护

将所有的网页制作完成后，就可以将网站发布到 Internet 上，并进入后期的更新维护。此项工作主要应考虑以下两个方面。

（1）测试并发布网站。

检查网页的显示细节（有无图片显示不出来的现象）和页面上的超级链接（有无链接错误或没有链接的现象）等。测试没有问题后，就可以将网站中所有的文件及文件夹上传到 Internet 的服务器上，以便让全世界的浏览者都能够浏览。

（2）维护更新。

随着网站的发布，根据访问者的建议，不断修改或者更新网站中的信息，并从浏览者的角度出发，进一步完善网站。这时网站建设工作又返回到流程中的第一步，这样周而复始就构成了网站的维护过程。

1.3 认识网页制作工具

过去的网页一般是由专业人员利用 HTML 语言编写实现的。目前，已出现多种可视化程度很高的网页制作工具，不需要掌握专业的网页制作技术也能创作出富有特色、动感十足的网页。

1.3.1 网页编辑工具

1. Dreamweaver

Dreamweaver 是网页制作工具，它使用所见即所得的界面，亦有 HTML 编辑的功能。Dreamweaver 支持 Active X、JavaScript、Java、Flash、ShockWave 等，还支持动态 HTML（Dynamic HTML）的设计，使用户在没有安装插件的情况下也可以在 Netscape 和 IE 浏览器中观看页面的动画，同时它还提供了自动更新页面信息的功能。Dreamweaver 的开放式设计是其最显著的特点，它使任何人都可以轻易扩展其功能。

2. FrontPage

FrontPage 是微软 Office 系列软件之一，继承 Office 系列软件的界面通用、操作简单等特点，用户可以像在 Word 中一样直接进行编辑，编辑的内容也将由 FrontPage 自动生成 HTML 网页代码。因此，FrontPage 一个很大的好处就是与 Office 系列软件具有一致性，特别适合初学者。但是 FrontPage 也存在部分缺点，如兼容性差、生成的垃圾代码多、对动态网页支持差等。

要想成为一名优秀的网页设计师，最好在学习完 Dreamweaver 后，再研究一下 FrontPage 软件，只要会用 Dreamweaver，自然就会用 FrontPage，利用两者互补的功能，方可制作优秀、复杂的网页。

1.3.2　网页图像与动画制作工具

现在的网页通常具有丰富多彩的图像和动画。对于网页中的图像和动画，既要求质量高，又要求文件所占存储空间小。

1. Flash

Flash 是 Macromedia 公司专门为制作网页而设计的一款交互性矢量动画设计软件。网页设计者可以使用该软件设计各种动态 Logo（商标、图案）动画、导航条，还可带有动感音乐，以及其他多媒体的各项功能。由于矢量图形不会因为缩放而导致影像失真，因此在 Web 上应用广泛。

2. Fireworks

Fireworks 是 Macromedia 公司专门设计的 Web 图形工具软件，它可以用较少的步骤生成较小但质量很高的 JPEG 和 GIF 图像，并且这些图像可以直接用在网页上。Fireworks 是 Web 图形制作的首选软件。

3. Photoshop

Photoshop 是由 Adobe 公司开发的著名图形图像处理软件。它能够实现各种专业化的图像处理，是专业图像创作的首选软件。

以上软件能相互无缝合作。通常网页制作的顺序，是先在 Fireworks（或 Photoshop）中绘制主页图片，然后进行切片，再将切片导出到 Dreamweaver 中，在 Dreamweaver 中编辑修改，添加链接，最后再导入用 Flash 制作的动画。

1.4　网页配色

1.4.1　网页配色基础知识

打开一个网站，给用户留下第一印象的既不是网站丰富的内容，也不是网站合理的版面布局，而是网站的色彩。一个网站设计成功与否，在某种程度上取决于设计者对色彩的运用和搭配。因此，在设计网页时，必须高度重视色彩的搭配。

为了能更好地应用色彩来设计网页，先来了解一下色彩的一些基本概念。

自然界中色彩五颜六色、千变万化，但是最基本的有 3 种（红、黄、蓝），其他的色彩都可以由这 3 种色彩调和而成，这 3 种色彩称为"三原色"。平时所看到的白色光，经过分析在色带上可以看到，它包括红、橙、黄、绿、青、蓝、紫 7 种颜色，各颜色间自然过渡。

现实生活中的色彩可以分为彩色和非彩色。其中黑、白、灰属于非彩色系列。其他的色彩都属于彩色。任何一种彩色具备 3 个特征：色相、明度和纯度。其中非彩色只有明度属性。

最初的基本色相为：红、橙、黄、绿、蓝、紫。在各色中间加插一两个中间色，形成十二色相。十二色相环如图 1 - 3 所示。

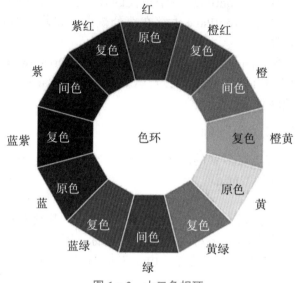

图 1 - 3　十二色相环

下面介绍一些色彩的特点及应用。

1. 红色

红色的色感温暖，刚烈而外向，是一种对人刺激性很强的颜色。红色容易引起人的注意，也容易使人兴奋、激动、紧张、冲动，它还是一种容易造成人视觉疲劳的颜色。在众多颜色里，红色是鲜明生动、热烈的颜色，因此也是代表热情。鲜明的红色极容易吸引人们的目光。

在网页颜色的应用中，根据网页主题内容的需求，纯粹使用红色为主色调的网站相对较少，多用于辅助色、点睛色，达到陪衬、醒目的效果。红色特性明显，这一醒目的特殊属性，被广泛地应用于食品、时尚休闲、化妆品、服装等类型的网站，容易营造出娇媚、诱惑、艳丽等气氛。如图 1 - 4 所示为以红色为主的网页。

图 1 - 4　以红色为主的网页

2. 黑色

黑色也有很强大的感染力，它能够表现出特有的高贵，且黑色还经常用于表现神秘感。在商业设计中，黑色是许多科技产品的用色，如电视、跑车、摄影机、音响、仪器等。在其他方面，黑色庄严的意象也常用在一些特殊场合的空间设计。生活用品和服饰设计大多利用黑色来塑造高贵的形象。黑色也是一种长久流行的主要颜色，适合与多种色彩搭配。如图 1－5 所示为以黑色为主的网页。

图 1－5　以黑色为主的网页

3. 橙色

橙色具有轻快、欢欣、收获、温馨、时尚的效果，在整个色谱里，橙色具有很高的兴奋度，是耀眼的色彩，给人以华贵而温暖、兴奋而热烈的感觉，也是令人振奋的颜色，具有健康、活力、勇敢自由等象征意义。橙色在空气中的穿透力仅次于红色，但也是容易造成视觉疲劳的颜色。

在网页用色方面，橙色适用于视觉关注度要求较高的时尚网站，也常被用于食品网站，是容易引起食欲的颜色。如图 1－6 所示为以橙色为主的网页。

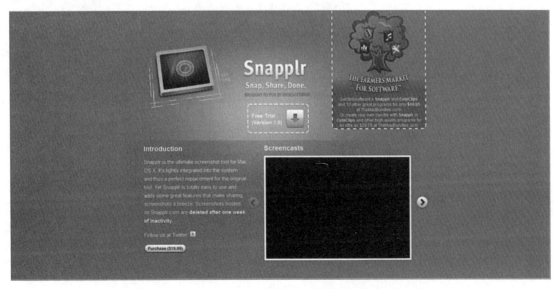

图 1－6　以橙色为主的网页

4. 灰色

在商业设计中，灰色具有柔和、高雅的意象，而且属于中间性格，男女皆能接受，所以灰色也是长久流行的主要颜色。许多高科技产品，尤其是和金属材料有关的，几乎都采用灰色来传达高级、高科技的形象。使用灰色时，大多利用不同层次的变化组合并与其他色彩搭配，才不会过于平淡、沉闷、呆板、僵硬。如图1-7所示为以灰色为主的网页。

图 1-7　以灰色为主的网页

5. 紫色

由于具有强烈的女性化性格，在商业设计用色中，紫色受到相当的限制，除了和女性有关的商品或企业形象外，其他类的设计不常采用紫色作为主色。如图1-8所示为以紫色为主的网页。

6. 黄色

黄色是阳光的色彩，具有活泼与轻快的特点，给人以十分年轻的感觉，象征光明、希望、高贵、愉快。黄色也代表着土地、象征着权力。如图1-9所示为以黄色为主的网页。

浅黄色系适用于表现明朗、愉快、希望、发展、雅致、清爽，较适合用于女性及化妆品类网站。中黄色给人以崇高、尊贵、辉煌、注意、扩张的心理感受。深黄色给人以高贵、温和、稳重的心理感受。

图 1 - 8　以紫色为主的网页

图 1 - 9　以黄色为主的网页

7. 绿色

在商业设计中，绿色所传达的是清爽、理想、希望、生长的意象，符合服务业、卫生保健业、教育行业、农业、餐饮酒店的定位。在工厂中，为了避免操作时眼睛疲劳，许多机械也是采用绿色，一般的医疗机构，也常采用绿色来做空间色彩规划。如图 1 - 10 所示为以绿色为主的网页。

图 1-10　以绿色为主的网页

8. 蓝色

由于蓝色给人以沉稳的感觉，且具有智慧、准确的意象，因此在商业设计中强调高科技、效率高的商品或企业形象，大多选用蓝色作为标准色、企业色，如电脑、汽车、影印机、摄影器材等。另外，蓝色也代表忧郁和浪漫，这个意象也常运用在文学作品或感性诉求的商业设计中。如图 1-11 所示为以蓝色为主的网页。

图 1-11　以蓝色为主的网页

1.4.2　网页色彩搭配知识

色彩搭配既是一项技术性工作，同时也是一项艺术性很强的工作，因此在设计网页时，除了考虑网站本身的特点外，还要遵循一定的艺术规律，方可设计出色彩鲜明、性格独特的网站。

1. 网页色彩搭配的技巧

到底用什么色彩搭配才好看呢？下面是网页色彩搭配的一些常见技巧。

（1）运用相同色系色彩。

所谓相同色系，是指几种色彩在360°色相环上位置十分相近，在45°左右或同一色彩不同明度的几种色彩。这种搭配的优点是易于使网页色彩趋于一致，对于网页设计新手有很好的借鉴作用。这种用色方式容易塑造网页和谐统一的氛围，缺点是容易造成页面的单调，因此往往利用局部加入对比色来增加变化，如局部对比色彩的图片等。如图1-12所示为采用相同色系色彩的网页。

图 1-12　采用相同色系色彩的网页

（2）使用邻近色。

所谓邻近色，就是在色带上相邻近的颜色，如绿色和蓝色就互为邻近色。采用邻近色可以使网页避免色彩杂乱，易于达到页面的和谐统一。邻近色能够神奇地将几种不协调的色彩统一起来，在网页中合理地使用邻近色能够使色彩搭配技术更上一层楼。

（3）使用对比色。

各种纯色的对比会产生鲜明的色彩效果，很容易给人带来视觉与心理的满足。红、黄、蓝三种颜色是最极端的色彩，它们之间对比，哪一种颜色也无法影响对方。色彩对比范畴不局限于红、黄、蓝三种颜色，而是指各种色彩的界面构成中的面积、形状、位置以及色相、明度、纯度之间的差别，使网页色彩配合增添了许多变化，页面更加丰富多彩。

对比色可以突出重点，产生强烈的视觉效果，通过合理使用对比色能够使网站特色鲜明、重点突出。在设计时一般以一种颜色为主色调，对比色作为点缀，可以起到画龙点睛的作用，如图 1 - 13 所示为运用对比色的网页。

图 1 - 13　运用对比色的网页

（4）背景色的使用。

背景色一般采用素淡清雅的色彩，避免采用花纹复杂的图片和纯度很高的色彩作为背景色，同时背景要与文字的色彩对比强烈一些。

（5）色彩的数量。

一般初学者在设计网页时往往使用多种颜色，使网页变得很"花"，缺乏统一和协调，表面上看起来很花哨，但缺乏内在的美感。事实上，网站用色并不是越多越好，一般控制在 3 种色彩以内，通过调整色彩的各种属性来产生变化。

2. 网页要素色彩的搭配

（1）确定网站的主题色。

一个网站不可能单一地运用一种颜色，会让人感觉单调、乏味，但是也不可能将所有的颜色都运用到网站中，会让人感觉轻浮、花俏。一个网站必须有一种或两种主题色，不至于让客户迷失方向，也不至于单调、乏味。所以确定网站的主题色也是设计者必须考虑的问题之一。

当主题色确定好以后，考虑其他配色时，一定要考虑其他配色与主题色的关系，要体现什么样的效果。另外，要考虑哪种因素占主要地位，是明度、纯度，还是色相。

（2）定义网页导航色彩。

网页导航是网站的指路灯，浏览者要在网页间跳转，要了解网站的结构与网站的内容，都必须通过导航或页面中的一些小标题。所以可以使用稍微具有跳跃性的色彩，吸引浏览者的视线，让他们感觉网站层次分明、清晰明了，往哪里走都不会迷失方向。

（3）定义网页文字色彩。

如果一个网站设置了背景颜色，必须要考虑背景颜色的用色与前景文字的搭配等问题。一般的网站侧重的是文字，所以背景可以选择纯度或明度较低的色彩，文字用较为突出的亮色，让人一目了然。当然，有些网站为了让浏览者对网站留有深刻的印象，在背景上做了特别设计。例如，一个空白页的某一个部分用了很亮的一个大色块，给人以豁然开朗的感觉。此时设计者为了吸引浏览者的视线，突出的是背景，所以文字就要显得暗一些，这样文字才能跟背景分离开来，便于浏览者阅读文字。

（4）定义网页链接色彩。

一个网站不可能只是单一的一页，文字与图片的链接是网站中不可缺少的一部分。需要强调的是，如果是文字链接，链接的颜色不能跟其他文字的颜色一样。现代人的生活节奏相当快，不可能在寻找网站的链接上浪费太多的时间。如果设置了独特的链接颜色，让人感觉到它的独特性，自然而然，好奇心会驱使用户移动鼠标单击链接。

（5）定义网页标志和 Banner 颜色。

网页标志是宣传网站重要的部分之一，可以将 Logo 和 Banner 做得鲜亮一些，也就是色彩方面要和网页的主体色分离开来。有时候为了更突出，也可以使用与主题色相反的颜色。

Dreamweaver 制作网页

Dreamweaver 是编辑网页的软件,借助它能够以直观的方式制作网页。Dreamweaver 提供了强大的网站管理功能,许多专业的网站设计人员都将 Dreamweaver 作为创建网站的首选。Dreamweaver、Flash(网页动画制作软件)和 Fireworks(网页图像处理软件)构成了网页制作方面的 3 大利器,被称为网页三剑客。它们同为美国 Adobe 公司的产品。

Dreamweaver 提供了开放的编辑环境,能够与相关软件和编程语言协同工作,所以使用 Dreamweaver 可以完成各种复杂的网页编辑工作。

2.1 Dreamweaver 概述

 学习目标

- 熟悉 Dreamweaver 工作区。
- 掌握 Dreamweaver 工具栏。
- 掌握菜单栏、插入栏的使用。
- 掌握面板的使用。

2.1.1 Dreamweaver 的特点

(1)适合于 Ajax 的 Spry 框架。使用适合于 Ajax 的 Spry 框架,以可视化方式设计、开发和部署动态用户界面。在减少页面刷新次数的同时,增强了交互性和可用性。

(2)Spry 数据。使用 XML 将 RSS 服务或数据库的数据集成到 Web 页中。集成的数据很容易进行排序和过滤。

(3)Spry 窗口组件。借助适合于 Ajax 的 Spry 框架的窗口组件,可轻松地将常见界面组件(如列表、表格、选项卡、表单验证和可重复区域)添加到 Web 页中。

(4)Spry 效果。借助适合于 Ajax 的 Spry 效果,可轻松地向页面元素添加视觉过渡,以实现扩大选取、收缩、渐隐、高光等效果。

（5）可以使用 Adobe Photoshop 或 Fireworks 中的文件。可以将在 Adobe Photoshop 或 Fireworks 中已完成的资源直接复制到 Dreamweaver 中。

（6）浏览器兼容性检查。借助全新的浏览器兼容性检查，进一步确保了跨浏览器和操作系统的一致体验；生成识别各种浏览器中与 CSS 相关的问题报告，而不需要启动浏览器。

（7）CSS Advisor 网站。借助 CSS Advisor 网站（提供解决方案和见解的一个在线社区），可以查找浏览器特定 CSS 问题的快速解决方案。

（8）CSS 布局。借助 CSS 布局，将 CSS 轻松合并到项目中。在每个模板中都有大量的注释解释布局，有助于初级和中级设计人员快速掌握，也可以为项目自定义每个模板。

（9）CSS 管理。轻松移动 CSS 代码：从行中到标题，从标题到外部表，从文档到文档，或在外部表之间，可以比较容易地清除较旧页面中的 CSS。

（10）Adobe Device Central。使用 Adobe Device Central 设计、预览和测试移动设备内容。

2.1.2　Dreamweaver 界面

启动 Dreamweaver 并新建一个页面时，其界面如图 2-1 所示。

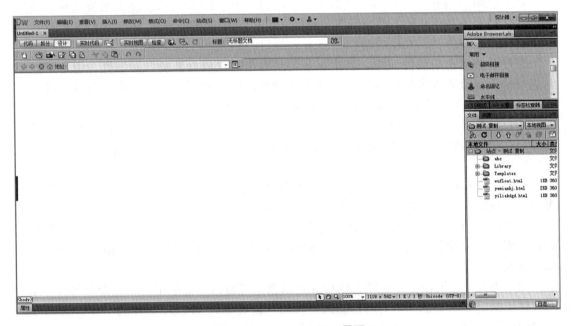

图 2-1　Dreamweaver 界面

1. 菜单栏

菜单栏提供了程序功能的选项命令，可以通过菜单栏中的命令完成某项特定操作。

2. 插入栏

插入栏中包含了用于创建各种不同类型网页对象的按钮，例如插入图像、表格、AP 元素（层）动画。相应功能也可以通过"插入"菜单实现。要显示或隐藏插入栏，应选择

"窗口"|"插入"命令。

3. 文档工具栏

文档工具栏包含一些按钮，它们提供各种"文档"窗口视图（如"设计"视图和"代码"视图）的选项、各种查看选项和一些常用操作（如在浏览器中预览）。

4. 文档窗口

文档窗口用来显示、创建和编辑当前文档。在这里用户可以通过菜单命令、插入栏、属性检查器以及面板组等工具来制作网页，文档显示结果与在浏览器中的显示结果基本相同。

当文档窗口有标题栏时（也就是说文档窗口不是以最大化方式显示），标题栏中会显示文件的路径和文件名。

当文档窗口在工作区中处于最大化状态时，它没有标题栏。在这种情况下，文件的路径和文件名显示在主工作区窗口的标题栏中。此时，如果有多个文件同时打开，文档窗口顶部会显示选项卡，其上显示所有已打开文档的文件名。若要切换到某个文档，单击相应选项卡即可。

不论是否在最大化方式下显示，如果对文档做了更改但尚未保存，则 Dreamweaver 会在文件名后显示一个星号（在标题栏或者选项卡）。

5. 状态栏

状态栏中包括标签选择器、选取工具、手形工具、缩放工具、设置缩放比率、窗口大小、文档大小和估计的下载时间等工具。

6. 属性检查器

属性检查器也叫属性面板，其中显示的是当前被选取对象的各种属性，用户可以随时进行修改。设置对象属性时，只要在相应属性选项中输入数值或者进行选择即可。如果对象属性没有完全显示，可单击属性面板左侧的按钮使其显示所有属性。

用户对属性进行的修改多数会立即在文档窗口中应用，但有些属性在修改完之后可能需要在属性编辑文本框之外的地方单击一下，或者按回车键确认后才能应用。

7. 面板组

Dreamweaver 面板提供了重要功能的快捷访问方式。例如，使用"CSS 样式"面板可以方便快捷地进行 CSS 样式的创建管理等工作。

面板组是组合在一个标题下面的相关面板的集合。若要展开一个面板组，可单击组名称或组名称左侧的展开箭头；若要将面板组从当前停靠位置移开，可拖动该面板组的标题条左边缘的手柄。

如果需要使用的面板不在工作区中，可以选择"窗口"菜单中的相应命令将其显示。

如果想隐藏所有的面板（包括插入栏和属性检查器），以获得更大的工作区域，可以按 F4 快捷键（对应于"窗口"|"隐藏面板"命令）。

如果工作区中的面板摆放凌乱，想恢复到初始的工作区状态，可以选择"窗口"|"工作区布局"|"编码器"或"设计器"命令。"编码器"布局适用于以 HTML 方式编辑网页，而"设计器"布局适用于以所见即所得的方式编辑网页。

如果想将当前状态保存为一种工作区布局，以便以后能够快速恢复到该状态，可以选择"窗口"|"工作区布局"|"保存当前"命令。保存了工作区之后，该工作区选项将出现在"窗口"|"工作区布局"菜单中，以后选择该选项即可恢复。

8. 文件面板

文件面板用于管理文件和文件夹，是最常用的面板之一。文件面板既可以用于管理 Dreamweaver 站点，也可以用于管理远程服务器上的站点。文件面板还可用于访问本地磁盘上的全部文件，这与 Windows 资源管理器很类似。

2.1.3 工具栏

Dreamweaver 中包括文档工具栏、标准工具栏和样式呈现工具栏，在代码视图中还包括一个编码工具栏。在插入栏或任意一个工具栏上右击，可以从弹出的快捷菜单中选择显示或隐藏某种工具栏（包括插入栏）。编码工具栏选项只有在代码视图或者拆分视图时才出现。

1. 文档工具栏

文档工具栏如图 2－2 所示。

图 2－2　文档工具栏

以下是文档工具栏各选项的说明。

（1）显示代码视图：只在文档窗口中显示代码视图。Dreamweaver 代码视图实际上是一个非常优秀的 HTML 编辑器，用户可以利用代码提示、自动完成等功能方便地完成 HTML 代码的编辑，如图 2－3 所示。

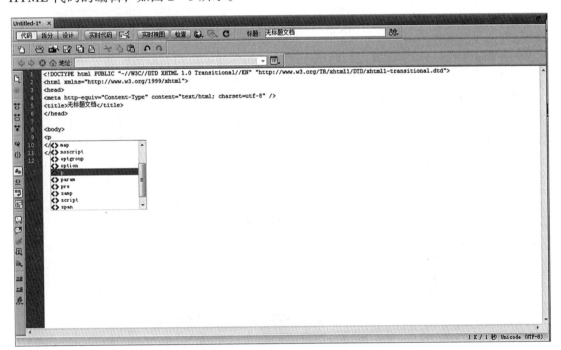

图 2－3　自动完成代码的编辑

（2）显示代码视图和设计视图：将文档窗口拆分为代码视图和设计视图。当选择了这种组合视图时，"视图选项"菜单中的"在顶部查看设计视图"选项变为可用。这种视图适用于综合使用 HTML 代码和所见即所得方式进行网页编辑。

（3）显示设计视图：只在文档窗口中显示设计视图。如果处理的是 CSS、JavaScript 或 XML 这种基于代码的文件类型，则不能在"设计"视图中查看文件，此时"设计"和"拆分"按钮将会变暗，表示无法使用。设计视图适用于以所见即所得方式编辑网页。选择"窗口"|"代码检查器"命令可以在一个单独的窗口中查看 HTML 代码，如图 2-4 所示。

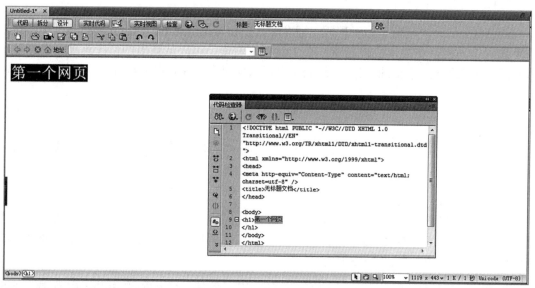

图 2-4　查看 HTML 代码

（4）网页标题：用于设置文档标题。文档标题将显示在浏览器的标题栏中。

（5）文件管理：显示"文件管理"菜单，实现本地和远程服务器的文件管理功能。

（6）在浏览器中预览 / 调试：用于在浏览器中预览或调试网页。单击该按钮，从菜单中选择一个浏览器即可。如果在菜单中选择"编辑浏览器列表"命令，则将打开如图 2-5 所示的"首选参数"对话框，在其中的"在浏览器中预览"选项区域中可以设置浏览器预览选项。

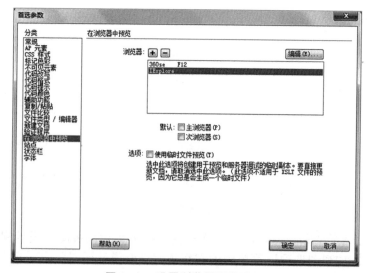

图 2-5　设置浏览器预览选项

（7）刷新设计视图：如果在代码视图中对网页文档进行了编辑，单击此按钮可以刷新文档的设计视图。

（8）视图选项：根据当前设计的是视图还是代码视图，此菜单中的选项不同。如果是拆分视图，则显示所有选项，如图 2-6 所示。这些选项用于控制文档窗口中的一些辅助信息的显示，如设计视图中的标尺和网格、代码视图中的行数和自动缩进等。

（9）可视化助理：在设计视图制作网页时为方便用户操作而显示的一些辅助信息，如图 2-7 所示。例如，显示表格边框（如果表格边框设置为 0，则仍然用虚线显示，以便用户操作）或 AP 元素轮廓线等。

图 2-6 拆分视图的视图选项的显示

图 2-7 可视化助理的下拉菜单

（10）验证标记：用于验证当前文档、本地站点或站点中选定的文件。验证是指按照文档所指定的规范（例如 XHTML 1.0 Transitional、HTML 4.0 Strict 等）对网页中的 HTML 代码进行验证，看是否符合相应规范。验证的结果将显示在"结果"面板的"验证"选项卡中，如图 2-8 所示。此项功能对于用手工编写 HTML 代码方式制作网页非常有用，因为确保网页符合相应规范是一个优秀网页的基本条件。如果使用设计视图自动生成的 HTML 代码，验证一般会轻松通过。但如果在代码视图中手工修改了部分代码，使用验证功能还是很有必要的。

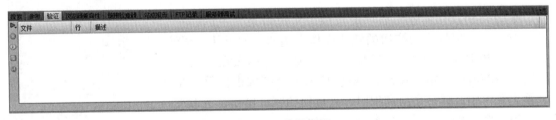

图 2-8 验证标记

（11）检查浏览器兼容性：用于检查网页中的 CSS 是否对于各种浏览器均兼容。由于 CSS 技术在不同浏览器中的支持程度不同，因此本功能对于确保网页中的 CSS 能在不同浏览器中正确显示非常重要。默认情况下，本功能将对下列浏览器进行检查：Firefox 1.5、Internet Explorer（Windows）6.0 和 7.0、Internet Explorer（Macintosh）5.2、Netscape Navigator 8.0、Opera 8.0 和 9.0 以及 Safari 2.0。如果要更改检查选项，可以选择此菜单中的"设置"命令进行修改。同样，检查结果会在"结果"面板的"浏览器兼容性检查"选项卡（一般位于"验证"选项卡右边）中显示。

2. 标准工具栏

标准工具栏包含一些按钮，可执行"文件"和"编辑"菜单中的常用操作，例如"新建""打开""保存""全部保存""剪切""复制""粘贴""撤销""重做"等，如图 2-9 所示。

图 2-9　标准工具栏

3. 样式呈现工具栏

如果在制作网页时使用了依赖于媒体的样式表，那么就可以用样式呈现工具栏中的按钮查看页面在不同媒体类型中的呈现方式。此功能对于面向多种媒体（如电视、手机等）的设计十分有用。样式呈现工具栏中还包含一个允许启用或禁用 CSS 样式的按钮。

4. 编码工具栏

编码工具栏包含可用于执行多种标准编码操作的按钮，例如折叠和展开所选代码、高亮显示无效代码、应用和删除注释、缩进代码、插入最近使用过的代码片断等。编码工具栏仅在代码视图（包括拆分视图中的代码视图）中才是可见的，它垂直显示在文档窗口的左侧。

2.1.4　插入栏

如果将插入栏从原来的停靠位置移开，可以看到其显示状态如图 2-10 所示。

插入栏包含用于创建和插入对象的按钮。当鼠标指针移动到按钮上时，会出现一个工具提示显示该按钮的名称。

这些按钮被组织到若干类别中，可以单击插入栏顶部的选项卡进行切换。启动 Dreamweaver 时系统会打开上次使用的类别。

某些类别具有带弹出菜单的按钮。从弹出菜单中选择一个选项时，该选项将成为按钮的默认操作。例如，如果从"图像"按钮的弹出菜单中选择"图像占位符"选项，那么在下次单击"图像"按钮时，Dreamweaver 就会插入一个图像占位符。每次从弹出菜单中选择一个新选项时，该按钮的默认操作都会改变。

插入栏一般按以下 7 个类别进行组织。

（1）常用：用于创建和插入最常用的对象，例如图像和表格。

（2）布局：用于插入表格、div 标签、框架和 Spry 构件等。还可以在此处选择表格的两种视图标准（默认）表格和扩展表格。

（3）表单：用于创建表单和插入表单元素（包括 Spry 验证构件）。

（4）数据：用于插入 Spry 数据对象和其他动态元素，例如记录集、重复区域以及插

图 2-10　插入栏

入记录表单和更新记录表单。此功能用于制作动态网页。

（5）Spry：包含用于构建 Spry 页面的按钮，包括 Spry 数据对象和构件。Spry 技术是综合应用 HTML、CSS、JavaScript 和 XML 的一种高级技术，适用于专业或高级的非专业网站设计人员。

（6）文本：插入各种文本格式和列表格式的标签，如 b、em、p、hl 和 ul。

（7）收藏夹：用于将插入栏中最常用的按钮组织到此处。在插入栏任意类别的按钮上右击，选择"自定义收藏夹"命令，可以将自己常用的插入栏按钮组织到收藏夹中。

2.1.5 状态栏

状态栏位于文档窗口底部，如图 2 - 11 所示。

图 2 - 11　状态栏

1. 标签选择器

状态栏左边是标签选择器，其中显示环绕当前选定内容的标签的层次结构。单击该层次结构中的标签就可以选择该标签及其全部内容。例如，单击 < body > 可以选择整个文档（因为在 HTML 中 < body > 标签是包含所有正文内容的标签）。标签选择器适用于在网页中精确选择特定部分，当然前提是掌握 HTML 语言。

若要在标签选择器中设置某个标签的 class 或 ID 属性，可右击该标签，然后从弹出的快捷菜单中选择一个类或 ID。

2. 选取工具、手形工具和缩放工具

默认状态下，选取工具是处于选中状态的。也就是说，此时可以用鼠标选取网页中的内容。如果选择手形工具，则可以在文档中拖动以查看文档。此时不能选择网页中的内容进行编辑。

如果选择缩放工具，鼠标指针变为放大镜形状（其中有一个加号），在文档窗口中单击可以放大显示。如果按住 Alt 键，鼠标指针变为其中显示减号的放大镜形状，单击文档窗口则可以缩小显示。

选择"设置缩放比例"按钮，则可以在下拉列表中选择网页的显示比例。

3. 窗口大小

当文档窗口中的网页不是以最大化方式显示时，单击状态栏中的"窗口大小"按钮，可以将文档窗口的大小设为预设值或自定义值。例如，如果将窗口大小设置为"760 × 420（800 × 600，最大值）"，这样就能看出正在制作的网页在 800 × 600 分辨率下显示的效果。

如果要自定义窗口大小，选择"编辑大小"命令，打开如图 2 - 12 所示的"首选参数"对话框，在其中的"状态栏"选项区域可以进行设置。

4. 预计文件大小与下载时间

在状态栏最右边显示的是当前正在编辑的文件的预计大小与下载时间，此信息有助于网页设计者控制文件大小。

预计大小是 Dreamweaver 根据网页中的所有内容（包括所有相关文件，如图像和其他媒体文件）计算出来的，而下载时间是根据当前设置的 Internet 连接速度计算的（实际的下载时间取决于具体的 Internet 连接）。

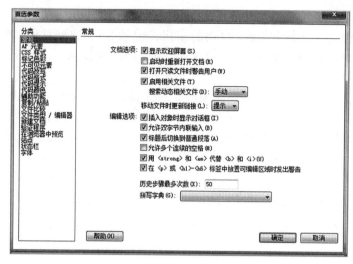

图 2-12 "首选参数"对话框

　　如果要设置连接速度，可选择"编辑"|"首选参数"命令，然后选择"状态栏"选项，参见图 2-11。当然也可以直接单击"窗口大小"按钮，然后选择"编辑大小"命令。默认的连接速度是 56 KB/s，如果能明确知道目标用户的连接速度（例如用于企业内部网的网站），则可以将速度设置得高一些。

2.2 站点的搭建与管理

 学习目标

- 掌握通过向导搭建站点的方法。
- 掌握通过高级面板设置站点的方法。
- 掌握站点及站点文件的管理方法。
- 掌握站点地图的使用。

　　网页保存于站点中，设置页面前应先创建站点。用 Dreamweaver 创建站点的方法是在本地磁盘上创建并编辑网页，然后将编辑好的页面保存在本地磁盘的一个文件夹内，此文件夹就定义为站点，最后将此站点上传到远程 Web 服务器中供用户访问。
　　站点的创建及管理都是通过站点面板来进行的。

2.2.1 创建站点

1. 使用"管理站点"向导搭建站点

　　在使用 Dreamweaver 制作网页前，最好先定义一个新站点，这是为了更好地利用站点对文件进行管理，尽可能地减少错误，如路径出错、链接出错。可以使用站点定义向导按照提示快速创建本地站点，具体操作步骤如下：

（1）启动 Dreamweaver，选择"站点"|"管理站点"命令，弹出"管理站点"对话框，在对话框中单击"新建"按钮。

（2）弹出"站点设置对象"对话框，在对话框中选择"站点"选项，在"站点名称"文本框中输入名称，可以根据网站的需要任意起一个名字，如图 2 - 13 所示。

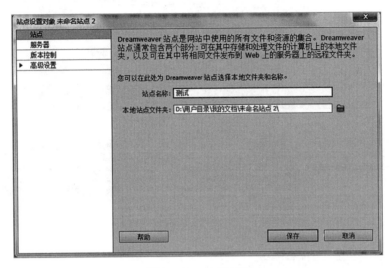

图 2 - 13 站点名称

（3）单击"本地站点文件夹"文本框右边的浏览文件夹按钮，弹出"选择根文件夹"对话框，选择站点文件，如图 2 - 14 所示。

图 2 - 14 "选择根文件夹"对话框

（4）选择站点文件后，单击"选择"按钮。

（5）单击"保存"按钮，更新站点缓存，如图 2 - 15 所示。

（6）出现"管理站点"对话框，其中显示了新建的站点，如图 2 - 16 所示。

（7）单击"完成"按钮，此时在"文件"面板中可以看到创建的站点文件，如图 2 - 17 所示。

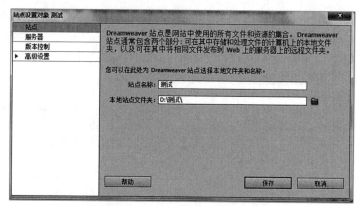

图 2-15　指定站点位置

图 2-16　管理站点

图 2-17　"文件"面板

2. 使用"高级"面板创建站点

还可以在"站点设置对象"对话框中选择"高级设置"选项卡，快速设置"本地信息""遮盖""设计备注""文件视图列""Contribute""模板""Spry"中的参数来创建本地站点。

（1）打开"站点设置对象效果"对话框，在对话框中的"高级设置"中选择"本地信息"，如图 2-18 所示。

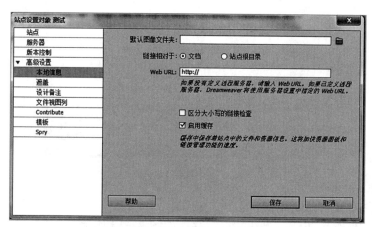

图 2-18　"本地信息"选项

在"本地信息"选项中可以设置以下参数：

1）在"默认图像文件夹"文本框中，输入此站点的默认图像文件夹的路径，或者单击文件夹按钮浏览到该文件夹。此文件夹是 Dreamweaver 上传到站点上的图像的位置。

2）"链接相对于"是在站点中创建指向其他资源或页面的链接时，指定 Dreamweaver 创建的链接类型。Dreamweaver 可以创建两种类型的链接：文档相对链接和站点根目录相对链接。

3）在"Web URL"文本框中，输入 Web 站点的 URL。Dreamweaver 使用 Web URL 创建站点根目录相对链接，并在使用链接检查器时验证这些链接。

4）"区分大小写的链接检查"，在 Dreamweaver 检查链接时，将检查链接的大小写与文件名的大小写是否相匹配。此选项用于文件名区分大小写的 UNIX 系统。

5）"启用缓存"复选框表示指定是否创建本地缓存以提高链接和站点管理任务的速度。

（2）在对话框中的"高级设置"中选择"遮盖"选项，如图 2-19 所示。

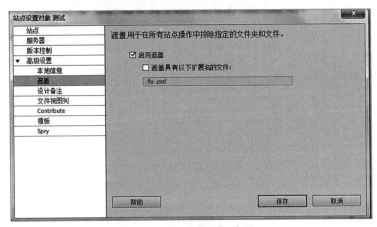

图 2-19 "遮盖"选项

在"遮盖"选项中可以设置以下参数：
- "启用遮盖"：选中后激活文件遮盖。
- "遮盖具有以下扩展名的文件"：勾选此复选框，可以对特定文件名结尾的文件使用遮盖。

（3）在对话框中的"高级设置"中选择"设计备注"选项，如图 2-20 所示。在最初开发站点时，需要记录一些开发过程中的信息、备忘。如果在团队中开发站点，需要记录一些与别人共享的信息，然后上传到服务器，供别人访问。

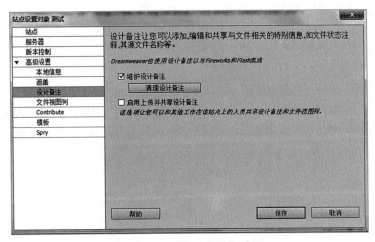

图 2-20 "设计备注"选项

在"设计备注"选项中可以进行如下设置：

● "维护设计备注"：可以保存设计备注。

● "清理设计备注"：单击此按钮，删除过去保存的设计备注。

● "启用上传并共享设计备注"：可以在上传或取出文件的时候，设计备注上传到"远程信息"中设置的远端服务器上。

（4）在对话框中的"高级设置"中选择"文件视图列"选项，用来设置站点管理器中的文件浏览器窗口所显示的内容，如图 2-21 所示。

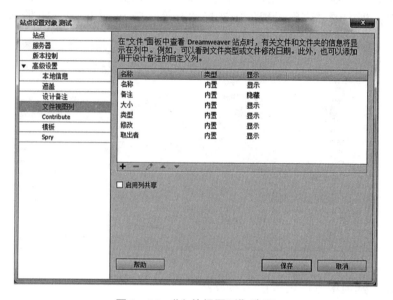

图 2-21 "文件视图列"选项

在"文件视图列"选项中可以进行如下设置：

● "名称"：显示文件名。

● "备注"：显示设计备注。

● "大小"：显示文件大小。

● "类型"：显示文件类型。

● "修改"：显示修改内容。

● "取出者"：正在被谁打开和修改。

（5）在对话框中的"高级设置"中选择"Contribute"选项，勾选"启用 Contribute 兼容性"复选框，则可以提高与 Contribute 用户的兼容性，如图 2-22 所示。

（6）在对话框中的"高级设置"中选择"模板"选项，如图 2-23 所示。

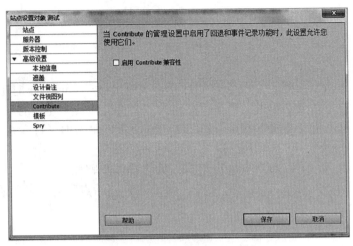

图 2 - 22 "Contribute" 选项

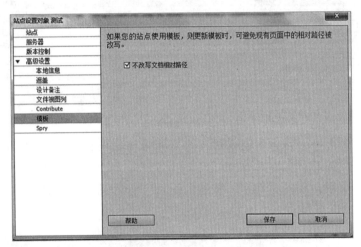

图 2 - 23 "模板" 选项

（7）在对话框中的"高级设置"中选择"Spry"选项，如图 2 - 24 所示。

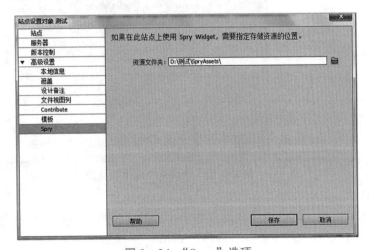

图 2 - 24 "Spry" 选项

2.2.2 管理站点

在 Dreamweaver 中，可以对本地站点进行管理，如打开、编辑、删除和复制站点等。

1. 打开站点

当运行 Dreamweaver 后，系统会自动打开上次退出 Dreamweaver 时正在编辑的站点。如果想打开另外一个站点，单击文档窗口右边的"文件"面板中左边的下拉列表，在弹出的列表中将会显示已定义的所有站点，如图 2－25 所示，单击即可打开站点。

2. 编辑站点

在创建站点以后，可以对站点进行编辑，具体操作步骤如下：

（1）选择"站点"|"管理站点"命令，弹出"管理站点"对话框，在对话框中单击"编辑"按钮，如图 2－26 所示。

图 2－25　打开站点

图 2－26　"管理站点"对话框

（2）弹出"站点设置对象"对话框，在"高级设置"选项卡中可以编辑站点的相关信息，如图 2－27 所示。

（3）编辑完毕后，单击"确定"按钮，返回"管理站点"对话框，单击"完成"按钮，即可完成站点的编辑。

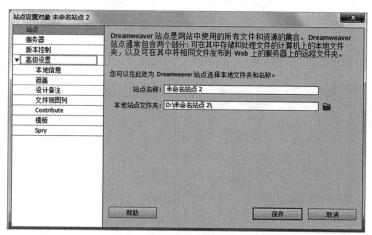

图 2－27　在"高级设置"选项卡中编辑站点的相关信息

3. 删除站点

如果不再需要站点，可以将其从站点列表中删除，删除站点的具体操作步骤如下：

（1）选择"站点"|"管理站点"命令，弹出"管理站点"对话框，在对话框中单击

"删除"按钮，如图 2 - 28 所示。

（2）系统弹出提示对话框，询问用户是否要删除本地站点，如图 2 - 29 所示。单击"是"按钮，即可将本地站点删除。

图 2 - 28　删除站点

图 2 - 29　是否要删除本地站点

　　提示：该操作实际上只是删除了 Dreamweaver 同该站点之间的关系，但是实际上本地站点内容，包括文件夹和文档等，都仍然保存在磁盘相应的位置，可以重新创建指向其位置的新站点，重新对其进行管理。

4. 复制站点

有时候希望创建多个结构相同或类似的站点，可以利用站点的复制功能。复制站点的具体操作步骤如下：

（1）选择"站点"|"管理站点"命令，弹出"管理站点"对话框，在对话框中单击"复制"按钮，即可将该站点复制，新复制出的站点名称会出现在"管理站点"对话框的站点列表中，如图 2 - 30 所示。

（2）在"管理站点"对话框中单击"完成"按钮，完成对站点的复制。

图 2 - 30　复制站点

2.2.3　管理站点中的文件

在 Dreamweaver 的"文件"面板中，可以找到多个工具来管理站点，向远程服务器传输文件，设置存回/取出文件，以及同步本地和远程站点上的文件。管理站点文件包括各个方面，如新建文件夹和文件、移动和复制文件等。

1. 新建文件夹和文件

网站每个栏目中的所有文件被统一存放在单独的文件夹内，根据包含的文件多少，又可以细分到子文件夹里。文件夹创建好以后，就可以在文件夹里创建相应的文件。

新建文件夹的具体操作步骤如下：

（1）在"文件"面板的站点文件列表框中单击鼠标右键，选中要新建文件夹的父级文件夹。

（2）在弹出的菜单中选择"新建文件夹"选项，如图 2 - 31 所示，即可创建一个新文件夹。

新建文件的具体操作步骤如下：

（1）在"文件"面板的站点文件列表框中单击鼠标右键，选中要保存新建文件的文件夹。

（2）在弹出的菜单中选择"新建文件"选项，如图2-32所示，即可创建一个新文件。

图2-31　选择"新建文件夹"选项　　　　图2-32　选择"新建文件"选项

2. 移动和复制文件

同大多数的文件管理一样，可以利用剪切、复制和粘贴功能来实现对文件的移动和复制。具体操作步骤如下：

（1）选择一个本地站点的文件列表，单击鼠标右键选中要移动和复制的文件，在弹出的菜单中选择"编辑"选项，出现"剪切""复制"等选项，如图2-33所示。

（2）如果要进行移动操作，则在"编辑"的子菜单中选择"剪切"选项；如果要进行复制操作，则在"编辑"的子菜单中选择"复制"选项。

（3）选择要移动和复制的文件，在"编辑"的子菜单中选择"粘贴"选项，即可完成对文件的移动和复制。

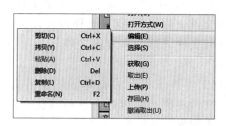

图2-33　"编辑"子菜单中的选项

课后习题

操作题

创建一个名称为"school"的本地站点，站点位置为"D:\school"，然后在站点中依次创建文件夹"lunwen""kejian""images"，并在根文件夹下创建文件"myschool.htm"。

2.3 文本及其格式化

学习目标

- 掌握创建文档的方法。
- 掌握文本的插入和文本属性的设置方法。
- 掌握设置页面属性的方法。
- 掌握项目列表和编号列表的创建方法。
- 掌握网页头部内容的插入方法。
- 掌握在网页中插入其他元素的方法。

文字是网页发布信息所用的主要形式，一个网站的主题、内容等都需要通过文字来表达。但是没有排版点缀的纯文字网页，会显得单调呆板，因此网页文字一定要注意排版，排版包括文字的样式、大小、颜色以及内容的层次样式等。

2.3.1 文本的基本操作

文本的基本操作包括插入文本、设置字体、设置字号、设置字体颜色、设置字体格式、定义段落格式、段落对齐等。下面介绍具体的操作方法。

1. 插入文本

在 Dreamweaver 中插入文本有两种常见的方法：一种是粘贴其他编辑器中生成的文本；另一种是直接在文档窗口中输入文本。

（1）粘贴其他编辑器中生成的文本。

首先在其他编辑器（如 Word、记事本）中复制文本，然后将光标移动到要插入文本的位置，选择"编辑"|"粘贴"命令，如图 2-34 所示，完成文本的插入。

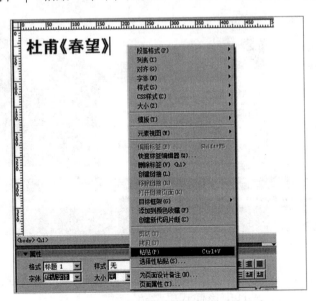

图 2-34　粘贴其他编辑器中生成的文本

（2）直接在文档窗口中输入文本。

将光标定位到文档窗口中要插入文本的位置，然后直接输入文本，如图 2-35 所示。在输入文字时，如果需要分段换行则需按 Enter 键。如果要输入多个连续的空格，则需要选择"首选参数"对话框中"常规"选项卡中的"允许多个连续的空格"复选框，或者将输入法设为全角状态。

2. 设置字体

字体对网页中的文本来说是非常重要的，Dreamweaver 中自带的字体比较少，可以在 Dreamweaver 的字体列表中添加更多的字体，添加新字体的具体操作步骤如下：

（1）使用 Dreamweaver 打开网页文档，在"属性"面板中的"字体"下拉列表中选择"编辑字体列表"选项，如图 2-36 所示。

（2）在对话框中的"可用字体"列表框中选择要添加的字体，单击 << 按钮添加到左侧的"选择的字体"列表框中，在"字体"列表框中也会显示新添加的字体，如图 2-37 所示。重复以上操作即可添加多种字体，若要取消已添加的字体，可以选中该字体单击 >> 按钮。

图 2-35　输入文本

图 2-36　"编辑字体列表"选项

图 2-37　"选择的字体"列表框

（3）完成一个字体样式的编辑后，单击 ➕ 按钮可进行下一个样式的编辑。若要删除某个已经编辑的字体样式，可选中该样式单击 ➖ 按钮。

（4）完成字体样式的编辑后，单击"确定"按钮关闭该对话框。

3. 设置字号

选择一种合适的字号是决定网页美观、布局合理的关键。在设置网页时，应该对文本设置相应的字体字号，具体操作步骤如下：

（1）选中要设置字号的文本，在"属性"面板中的"大小"下拉列表中选择字号的大小，或者直接在文本框中输入相应大小的字号，如图2-38所示。

图 2-38 设置字号

（2）弹出"新建 CSS 规则"对话框，在对话框中的"选择器类型"中选择"类（可应用于任何 HTML 元素）"，在"选择器名称"中输入名称，在"规则定义"中选择"（仅限该文档）"，如图2-39所示。单击"确定"按钮，完成设置字体的字号。

4. 设置字体颜色

我们还可以改变网页文本的颜色，设置文本颜色的具体操作步骤如下：

（1）选中设置颜色的文本，在"属性"面板中单击"文本颜色"按钮，打开如图2-40所示的调色板。在调色板中选中所需的颜色，光标变为"吸管"形状，单击鼠标左键即可选取该颜色。

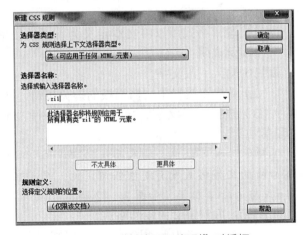

图 2-39 "新建 CSS 规则"对话框

（2）弹出"新建 CSS 规则"对话框，在对话框中的选择器类型中选择"类"，在"选择器名称"中输入名称，在"规则定义"中选择"（仅限该文档）"，如图2-41所示。

（3）单击"确定"按钮，设置文本颜色。

提示：如果调色板中的颜色不能满足需要，则单击 ▶ 按钮，弹出"颜色"对话框，在对话框中根据提示选择需要的颜色即可。

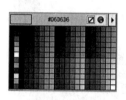

图 2-40　调色板

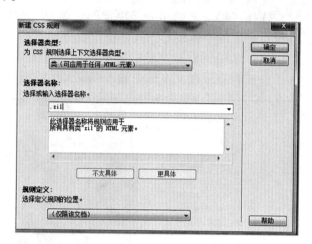

图 2-41　选择类

5. 设置字体样式

在"属性"面板中可以设置粗体、斜体。单击"粗体"按钮，可将文本在粗体和正常体之间切换，单击"斜体"按钮，可将文本在斜体和正常体之间切换。

选中文档中相应的文本，在"属性"面板中单击"粗体"按钮，将选择的文本加粗。

提示：选中文本，选择"格式"|"样式"命令，则会弹出一个子菜单。在子菜单中选择合适的文本样式，当选中一种字体样式后，该选项的左侧会出现一个对勾标记，可以依次为选中的文本内容设置多种字体风格。

6. 定义段落格式

定义段落格式用以将文本定义为普通的段落格式、标题格式或预格式化段落，这里以一个实例说明：

（1）输入一段文字。

（2）单击工具栏中文档面板的拆分按钮，同时打开代码和设计视图。

（3）选择一段文字，单击属性面板中"格式"框右侧的下拉按钮，从列表中选择"段落"。

提示：也可以单击插入面板的"段落"按钮，添加段落标识。经过上述操作，设计窗口中的文字格式没有发生任何变化，只是在代码视窗里可以发现这段文字两端添加了 <p> 与 </p> 标记，如图 2-42 所示。

● 无：取消定义的段落格式。

● 段落：定义为普通段落，自动在文本两端添加段落标记 <p> 和 </p>。

● 标题：将文本定义为相应级别的标题。如选择"标题3"自动在文本两端添加标题标记 <h3> 和 </h3>。

● 预格式化：将文本两端添加预先格式化的标记 <Pre> 和 </Pre>，可预先对标记内的文本进行格式化，浏览器显示网页时也将按文本原格式显示。利用预先格式化的特性可以非常方便地连续输入多个空格或制表符。

提示：使用文本预格式化有一个弊端，预格式化后的文本不会随浏览窗口的变化而自动换行，但可以随意输入多个空格。

添加段落标记 ——

图 2-42　新添加的标识

7. 段落对齐

如图 2-43 所示，段落的对齐有 4 种方式，分别为左对齐、居中对齐、右对齐、两端对齐，具体的操作方法如下：

先输入一段文本，然后将光标置于文本中的任意位置，单击文字属性面板中相应的段落对齐方式按钮，如图 2-44 所示。

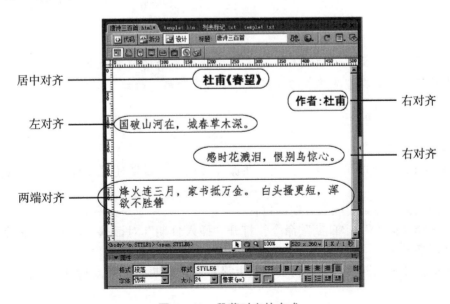

图 2-43　段落对齐的方式

图 2 - 44 段落对齐的示例

段落的缩进有两种方式，即缩进、凸出。具体的操作方法如下：先输入一段文本，然后将光标置于文本中的任意位置，单击文字属性面板中的文本凸出按钮或文本缩进按钮，如图 2 - 45 所示。

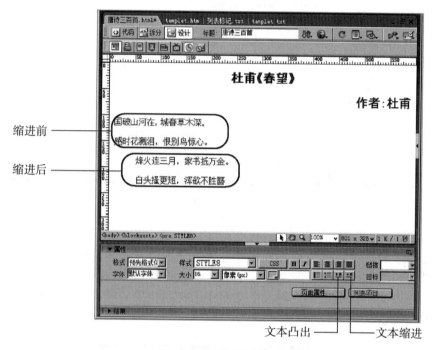

图 2 - 45 段落的缩进

提示：每按一次文本缩进按钮，文本左右两端各向内缩进两个汉字距离；每按一次文本凸出按钮，文本左右两端各向外扩展两个汉字距离。凸出可以说是缩进的反向操作。

2.3.2 插入其他元素

1. 插入日期

在 Dreamweaver 中可以插入日期，在保存文档时，日期还可以自动更新，具体操作步骤如下：

（1）将光标定位到要插入日期的位置。

（2）选择"插入" | "日期"命令，打开"插入日期"对话框，如图 2 - 46 所示，从中选择日期格式。

（3）单击"确定"按钮后，将在网页上显示插入日期的效果，如图 2 - 47 所示。

图 2-46 "插入日期"对话框　　　　　　　图 2-47 插入日期

2. 插入特殊字符

制作网页时，有时需要输入一些键盘上没有的特殊字符，如版权信息、注册商标、空格、换行符等。插入特殊字符可按如下步骤操作：

（1）在文档窗口中，将光标定位在需要插入特殊字符的位置。

（2）选择"插入"|"HTML"|"特殊字符"命令，在其级联菜单中选择合适的字符命令，如图 2-48 所示；或将"插入"栏切换至"文本"面板，在面板中选择"字符"下拉菜单中的字符命令，如图 2-49 所示，即可在光标处插入字符。

图 2-48 特殊字符选项

图 2-49 字符菜单选择按钮

（3）如果在该下拉菜单中没有找到需要的字符，则可选择"其他字符"命令，打开"插入其他字符"对话框，如图 2-50 所示，选择需要的特殊字符，然后单击"确定"按钮。

3. 插入水平线

水平线的作用是分隔文本。选择"插入"|"HTML"|"水平线"命令，就可以在Dreamweaver 的设计视图中插入一条水平线，将页面上的不同板块分隔。选中"水平线"，

图 2-50 "插入其他字符"对话框

打开"属性"面板，如图 2-51 所示，可以设置水平线的宽度、高度、类型、对齐方式以及是否有阴影。

图 2-51 水平线"属性"面板

在"属性"面板中只能设置黑色的水平线，如果要改变水平线的颜色，需要在代码视图中对水平线的代码进行修改，而且水平线的颜色效果只有在浏览器中才能显示。

水平线的 HTML 标记符为 < hr >，它包括以下属性：

（1）size：用来设置水平线的粗细程度。

（2）width：用来设置水平线的长度。

（3）noshade：用来使水平线以实线显示，即不需要阴影。

（4）color：用来设置水平线的颜色。

（5）align：用来设置水平线的对齐方式。

例如，将水平线的显示颜色设置成红色。要完成上述功能要求，需要在代码视图中找到水平线标记符 < hr >，在其中添加 color 属性 < hr color = red >。

提示：在"属性"面板中并没有提供关于水平线颜色的设置选项，如果需要改变水平线的颜色，直接进入源代码更改 < hr color = "对应颜色的代码" > 即可。

4. 插入注释

注释是在 HTML 代码中插入的描述性文本，用来解释该代码或提供其他信息。插入注释的具体操作步骤如下：

（1）将光标置于插入注释的位置，选择"插入"|"注释"命令，弹出"注释"对话框，如图 2-52 所示。

（2）在"注释"文本框输入注释内容，单击"确定"按钮，即可插入注释。

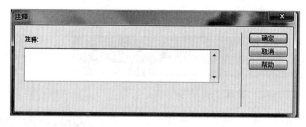

图 2-52 插入注释

提示：如果要在设计视图中显示注释标记，在"首选参数"对话框中勾选"注释"复选框即可，否则不会出现注释标记。

2.3.3 项目列表的使用

列表是非常实用的文本排版格式，它常被用来格式化网页中包含逻辑关系的文本信息。在 Dreamweaver 中，可以使用属性面板上的列表格式按钮方便地将文字设置为列表格式。网页中常用的列表格式分为项目列表、编号列表和嵌套列表。下面介绍项目列表和编号列表。

1. 项目列表

项目列表也称无序列表或强调列表，它是一种在文本段落前显示有特殊项目符号的缩排列表。以下用"杜甫《春望》"为例进行说明。

（1）在设计窗口中，将光标定位到第三行，可以看到属性检查器中的"项目列表"按钮处于按下状态，表示当前内容是一个项目列表。如果要取消项目列表，可以在选中相应段落后，再次单击"项目列表"按钮。

（2）单击属性检查器右下角的按钮将其扩展，单击其中的"列表项目"按钮，打开如图 2 - 53 所示的"列表属性"对话框。

（3）在"样式"列表中选择"圆形"，然后单击"确定"按钮。注意该对话框中的"列表项目"框中的选项是设置项目列表中某个具体项的格式的，但由于同一个项目列表通常要求显示一致，因此一般不使用。效果如图 2 - 54 所示。

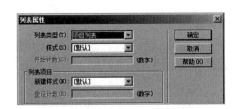

图 2 - 53　"列表属性"对话框

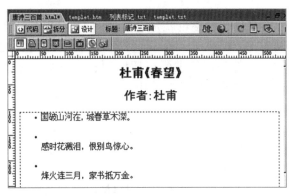

图 2 - 54　效果图

项目列表中的项目符号还可以是其他样式，例如可以用一个小图标作为项目符号，但这需要使用 CSS 技术。

2. 编号列表

编号列表也称有序列表，它是一种在文本段落前显示有编号的缩排列表。

（1）选中"杜甫《春望》"中的诗句，也可以只选中部分，但要确保每段都有内容被选中。

（2）在属性检查器中单击"编号列表"按钮，则将文字转换为编号列表。此时 Dreamweaver 会自动取消原来设置的居中对齐格式，单击属性检查器上的"居中对齐"按钮将列表对齐。

（3）在列表中单击，然后单击属性检查器中的"列表项目"按钮，打开如图 2 - 55 所示的"列表属性"对话框。在"样式"下拉列表框中选择"小写罗马字母"选项，然后单击"确定"按钮。

该对话框中的"开始计数"选项用于设置编号从几开始计，此选项一般不常用。与项目列表类似，编号列表中的"列表项目"选项一般也不常用。效果如图 2 - 56 所示。

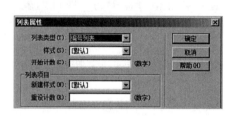

图 2 - 55 "列表属性"对话框

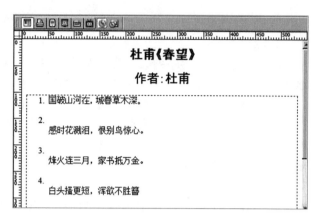

图 2 - 56 效果图

2.3.4 插入网页头部内容

文件头标签也就是通常说的 Meta 标签，文件头标签在网页中是看不到的，它包含在网页中 <head>...</head> 标签之间。所有包含在该标签之间的内容在网页中都是不可见的。文件头标签主要包括标题、META、关键字、说明、刷新、基础和链接，下面介绍常用的文件头标签的使用。

1. 设置 META

META 对象常用于插入一些为 Web 服务器提供选项的标记符，方法是通过 http-equiv 属性和其他各种在 Web 页面中包括的、不会使浏览者看到的数据。设置 META 的具体操作步骤如下：

（1）选择"插入"|"HTML"|"文件头标签"|"META"命令，弹出"META"对话框，如图 2-57 所示。

（2）在"属性"下拉列表中可以选择"名称"或"http-equiv"选项，指定 META 标签是否包含有关页面的描述信息或 http 标题信息。

（3）在"值"文本框中指定在该标签中提供的信息类型。

（4）在"内容"文本框中输入实际的信息。

（5）设置完毕后，单击"确定"按钮即可。

提示：单击"常用"插入栏中的 ![按钮] 按钮，在弹出的菜单中选择 META 选项，弹出"META"对话框，插入 META 信息。

2. 插入关键字

关键字也就是与网页的主题内容相关的简短而有代表性的词汇，这是给网络中的搜索引擎准备的。关键字一般要尽可能地概括网页内容，这样浏览者只要输入很少的关键字，就能最大程度地搜索网页。插入关键字的具体操作步骤如下：

（1）选择"插入"|"HTML"|"文件头标签"|"关键字"命令，弹出"关键字"对话框，如图 2-58 所示。

（2）在"关键字"文本框中输入一些值，单击"确定"按钮。

提示：单击"常用"插入栏中的按钮，在弹出的菜单中选择"关键字"选项，弹出"关键字"对话框，插入关键字。

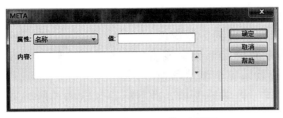

图 2-57 "META" 对话框

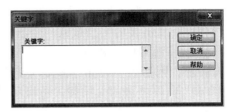

图 2-58 "关键字" 对话框

3. 插入说明

插入说明的具体操作步骤如下：

（1）选择"插入"|"HTML"|"文件头标签"|"说明"命令，弹出"说明"对话框，如图 2-59 所示。

（2）在"说明"文本框中输入一些值，单击"确定"按钮即可。

提示：单击"常用"插入栏中的"说明"按钮，在弹出的菜单中选择"说明"选项，弹出"说明"对话框，插入说明。

4. 插入刷新

设置网页的自动刷新特性，使其在浏览器中显示时，每隔一段指定的时间就跳转到某个页面或是刷新自身。

插入刷新的具体操作步骤如下：

（1）选择"插入"|"HTML"|"文件头标签"|"刷新"命令，弹出"刷新"对话框，如图 2-60 所示。

图 2-59 "说明"对话框

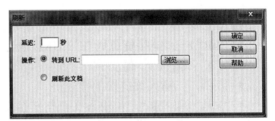

图 2-60 "刷新"对话框

（2）在"延迟"文本框中输入刷新文档要等待的时间。

（3）在"操作"选项区域中，可以选择重新下载页面的地址。勾选"转到 URL"单选按钮时，单击文本框右侧的"浏览"按钮，在弹出的"选择文件"对话框中选择要重新下载的 Web 页面文件。勾选"刷新此文档"单选按钮时，将重新下载当前的页面。设置完毕后，单击"确定"按钮即可。

5. 设置基础

"基础"定义了文档的基本 URL 地址，在文档中，所有相对地址形式的 URL 都是相对于这个 URL 地址而言的。设置基础元素的具体操作步骤如下：

（1）选择"插入"|"HTML"|"文件头标签"|"基础"命令，弹出"基础"对话框，如图 2-61 所示。

在"基础"对话框中可以设置以下参数：

● "HREF"：基础 URL。单击文本框右边的"浏览"按钮，在弹出的对话框中选择一个文件，或在文本框中直接输入路径。

● "目标"：在其下拉列表框中选择打开链接文档的框架集。这里共包括以下 4 个选项。

"空白"：将链接的文档载入一个新的、未命名的浏览器窗口。

"父"：将链接的文档载入包含该链接的框架的父框架集或窗口。如果包含链接的框架没有嵌套，则相当于 _top，链接的文档将被载入整个浏览器窗口。

"自身"：将链接的文档载入链接所在的同一框架或窗口。此目标是默认的，所以通常不需要指定它。

"顶部"：将链接的文档载入整个浏览器窗口，从而删除所有框架。

（2）在对话框中进行相应的设置，单击"确定"按钮，设置基础。

6. 设置链接

链接设置可以定义当前网页和本地站点中的另一网页之间的关系。设置链接的具体操作步骤如下：

（1）选择"插入"｜"HTML"｜"文件头标签"｜"链接"命令，弹出"链接"对话框，如图 2－62 所示。

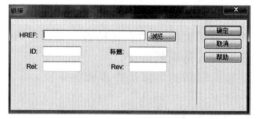

图 2－61 "基础"对话框   图 2－62 "链接"对话框

在"链接"对话框中可以设置以下参数：

● "HREF"：链接资源所在的 URL 地址。

● "ID"：输入 ID 值。

● "标题"：输入该链接的描述。

● "Rel"和"Rev"：输入文档与链接资源的链接关系。

（2）在对话框中进行相应的设置，单击"确定"按钮，设置文档链接。

范例解析 1——"塞上江南"

［学习目标］熟练掌握如何插入文本、输入多个连续空格、插入特殊字符、移动文本等。

［素材位置］素材\塞上江南\原始。

［效果位置］素材\塞上江南\效果。

根据要求创建和设置文档格式，在浏览器中的显示效果如图 2－63 所示。

塞上江南

宁夏自古就有"塞上江南"、"天下黄河富宁夏"的美称，绵亘于宁夏西北部的贺兰山犹如"天然屏障"保护着宁夏这块"净土"。悠久的历史、多样的地貌、伊斯兰风情、特有的民俗，为物华天宝的宁夏蒙上一层神秘面纱。

青岛世园会宁夏展园整体以峰峦叠嶂的"贺兰山"为骨架结构，以具有浓郁伊斯兰风情的"新月"为点睛之笔，以灵动的黄河水景和凄美的荒漠景观为脉络，高度囊括了宁夏集"山"、"川"、"沙"、"水"于一身的多样地貌和多元文化特征，突出"月上贺兰"主题理念，充分展示了黄河腹地的富饶和塞上江南的秀美，向人们呈现一个开放、多彩、融和、富饶与充满安静、祥和的新宁夏。绵延的贺兰山作为整个园区的背景，山势雄伟，若群马奔腾，呈南北走向，对其主展区在空间上形成围和作用，近而诠释了贺兰山的"天然屏障"美称。

每一座山都有不一样的云海，每一片云海都是不一样的世界，这座山呈现给人们的是这样一个美丽而又神秘的想象空间。

图 2－63 效果图

［操作步骤］

这是一个创建文档、设置页面属性和文本基本格式的例子。

（1）新建一个空白 HTML 文档并保存为"2-1.htm"。

（2）导入文档。

1）选择"文件"|"导入"|"Word 文档"命令，打开"导入 Word 文档"对话框，选择素材"塞上江南.doc"，设置"格式化"参数，如图 2-64 所示。

图 2-64　导入 Word 文档

2）单击"打开"按钮，导入文档。

（3）设置页面属性。

1）选择"修改"|"页面属性"命令，打开"页面属性"对话框，在"外观（CSS）"分类中设置页面字体为"宋体"，大小为"14px"。

2）在"标题（CSS）"分类中将"标题 2"的字体修改为"黑体"，大小修改为"24px"，如图 2-65 所示。

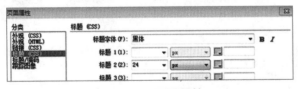

图 2-65　页面属性

3）在"标题/编码"分类中，设置文档的浏览器标题为"塞上江南"。

4）设置完毕后单击"确定"按钮，关闭"页面属性"对话框。

（4）设置文档标题。

1）将鼠标光标置于文档标题"塞上江南"所在行，然后在"属性（HTML）"面板的"格式"下拉列表中选择"标题 2"。

2）选择"格式"|"对齐"|"居中对齐"命令，使标题居中对齐。

（5）设置正文格式。

1）选中文本"每一座山都有不一样的云海，每一片云海都是不一样的世界"，并在

"属性（CSS）"面板的"字体"下拉列表中选择"楷体"，在接着打开的"新建CSS规则"对话框中输入选择器名称"ptext"。

2）单击"确定"按钮关闭对话框，然后选择"格式"|"样式"|"下划线"命令，给所选文本添加下划线效果。

3）在"文档"工具栏中单击"代码"按钮，在 <head> 与 </head> 之间添加 CSS 样式代码，使行距为"20px"，段前段后距离均为"5px"，如图 2-66 所示。

```
<head>
<meta http-equiv="Content-Type" content="text/html; charset=gb2312" />
<title>塞上江南</title>
<style type="text/css">
body,td,th {
    font-family: "宋体";
    font-size: 14px;
    line-height: 20px;
    margin-top: 5px;
    margin-bottom: 5px;
}
h1, h2, h3, h4, h5, h6 {
    font-family: "黑体";
}
h2 {
    font-size: 24px;
}
.a {
    text-align: center;
}
.ptext {
    font-family: "楷体";
}
</style>
</head>

<body>
<h2 align="center" class="a">塞上江南</h2>
```

图 2-66　CSS 样式代码

（6）选择"文件"|"保存"命令，再次保存文件。

范例解析 2——儿童漫画网页

［学习目标］熟练掌握项目列表的使用方法。

［素材位置］素材\儿童漫画\原始。

［效果位置］素材\儿童漫画\效果。

根据要求创建和设置文档格式，在浏览器中的显示效果如图 2-67 所示。

图 2-67　效果图

[操作步骤]

1. 创建项目列表

（1）选择"文件"|"打开"命令，在弹出的对话框中选择"儿童漫画网页\index.html"，单击"打开"按钮打开文件，如图2-68所示。

（2）选中如图2-69所示的文字，单击"属性"面板中的"项目列表"按钮，在列表前生成"符号"，如图2-70所示。

图2-68　打开文件

图2-69　选中文本

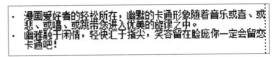

图2-70　项目列表

（3）选择"文本"|"列表"|"属性"命令，弹出"列表属性"对话框，在"样式"选项的下拉列表中选择"正方形"，如图2-71所示，单击"确定"按钮。

（4）选中第1段文字，在"属性"面板中将"大小"选项设为"16"，设置适当的字体。选中第2段文字，在"样式"选项下拉列表中选择"STYLE5"，应用相同的样式，效果如图2-72所示。

图2-71　列表属性

图2-72　创建项目列表效果

2. 插入版权符号

（1）将光标移到页面右下方字母"Copyright"的左侧，如图 2－73 所示。选择"插入"|"HTML"|"行殊字符"|"其他字符"命令，弹出"插入其他字符"对话框，单击"版权"按钮，如图 2－74 所示，单击"确定"按钮，插入版权符号，如图 2－75 所示。

图 2－73　选择位置　　　图 2－74　选择"版权"　　　图 2－75　插入版权符号效果

（2）选中插入的版权符号，将"属性"面板中的"大小"选项设为"16"。保存文档，按 F12 键预览效果，见图 2－67。

综合案例——让生活走进自然

［学习目标］熟练掌握文本的综合应用。

［素材位置］素材 \ 让生活走进自然 \ 原始。

［效果位置］素材 \ 让生活走进自然 \ 效果。

根据要求创建文档并进行格式设置，在浏览器中的显示效果如图 2－76 所示。

图 2－76　效果图

［操作步骤］

（1）新建一个空白 HTML 文档并保存为"2-2.htm"，然后打开素材"让生活走进自然 .doc"，全选所有文本内容并进行复制。

（2）选择"编辑"|"选择性粘贴"命令，打开"选择性粘贴"对话框，选项设置如

图 2 - 77 所示，然后单击"确定"按钮，粘贴文本。

（3）选择"修改"|"页面属性"命令，
打开"页面属性"对话框，在"外观（CSS）"
分类中，设置页面字体为"宋体"，大小为
"14px"，页边距均为"10px"，如图 2 - 78
所示；在"标题／编码"分类中，设置文档
的浏览器标题为"让生活走进自然"，设置
完毕后单击"确定"按钮，关闭"页面属
性"对话框，如图 2 - 79 所示。

图 2 - 77 "选择性粘贴"对话框

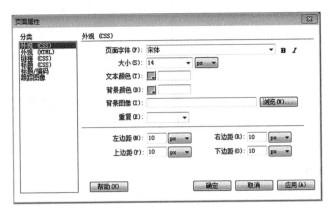

图 2 - 78 外观 CSS

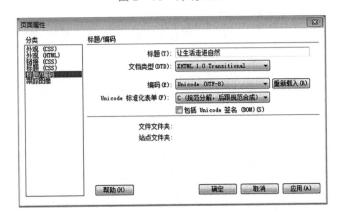

图 2 - 79 标题 CSS

（4）将鼠标光标放在文档标题"让生活走进自然"所在行，然后在"属性"面板的
"格式"下拉列表中选择"标题 2"，选择"格式"|"对齐"|"居中对齐"命令，设置其
居中对齐。

（5）选择文本"碧海青天，不寒不暑；绿树红瓦，可舟可车"，然后在"属性"面板
的"字体"下拉列表中选择"黑体"，弹出"新建 CSS 规则"对话框，在"选择器名称"
文本框中输入"textstyle"，如图 2 - 80 所示。

（6）单击"确定"按钮，关闭对话框，然后单击 按钮，设置文本颜色为红色"#F00"。

（7）选择"格式"|"样式"|"下划线"命令，给所选文本添加下划线。

（8）在“文档”工具栏中单击“代码”按钮，在 <head> 与 </head> 之间添加 CSS 样式代码，使行与行之间的距离为“20px”，段前、段后距离为“5px”，如图 2－81 所示。

（9）依次在每段的开头连续按 4 次空格键，使每段开头空出两个汉字位置。

（10）将光标放在文档最后，然后选择“插入”|“HTML”|“水平线”命令，插入水平线。

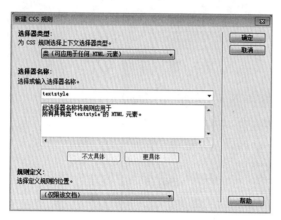

图 2－80 “新建 CSS 规则”对话框

```
body {
    margin-left: 10px;
    margin-top: 10px;
    margin-right: 10px;
    margin-bottom: 10px;
}
.textstyle {
    font-family: "黑体";
    color: #F00;
}
p{
    line-height:20px;
    margin-top:5px;
    margin-bottom:5px;
}
```

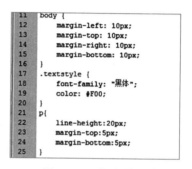

图 2－81 添加代码

（11）插入水平线后按 Enter 键，将鼠标光标移至下一段，然后选择“插入”|“日期”命令，打开“插入日期”对话框进行参数设置，并选中“储存时自动更新”复选框，如图 2－82 所示。

（12）选择“文件”|“保存”命令，保存文档。

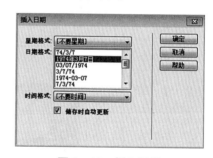

图 2－82 插入日期

课后习题

1. 制作“善待人生”页面

根据提示设置文档，最终效果如图 2－83 所示。

善待人生

我们只要善待生命、善待家人、善待同事、善待自己，提倡简单地生活就足以幸福一生。

· 善待生命

人的一生其实是一个不断感受生活的过程。如果省略掉了这个过程，还有什么呢？善待生命就是要认真体验生活，发现它的真、善、美，从中感受快乐。法国文学家罗曼·罗兰说过，“要播洒阳光到别人心中，总得自己心中有阳光”。只要每个人都持积极乐观的生活态度，人生应当是快乐的，乐由心生。生活中，我们每个人无论身处顺境还是逆境，如果都能认为这是上天对我们最好的安排，那么顺境中我们才会感恩，逆境中会依旧心存喜乐。坦然面对生活、善待生命，方是快乐人生之真谛。

· 善待家人

对待家人要细心体贴，爱其实很简单，有时是一个三、五分钟的电话，有时是一份并不昂贵的小礼物，就是要通过小事让家人感受到你的关心，幸福就在分寸之间。爱是无条件的，对家人不要因为他为你做了什么事而爱他，也不要因他没做到的事而减少对他的爱。爱是需要沟通的，默默奉献不见得是最佳方式，要常常对你的家人说“我爱你”。经常交流、沟通，关心爱护家人，营造家的和谐和温暖，还是那句老话：家和万事兴。

· 善待同事

对同事多一份理解和宽容，其实就是支持和帮助自己。工作中难免有分歧，只要你愿意认真地站在对方的角度和立场看问题，事情也许会是另一种结果。不要错误诠释别人的好意，那只会让自己吃亏，并且使别人受辱。我们要信奉这四句话：用平常心对待荣辱，用平和心包容误会，用平凡心安度人生，用平静心放下事非。我们还要尝试这样去做：别人超过自己，祝福他；别人不如自己，帮助他；别人贬低自己，原谅他。

· 善待自己

一个善待自己的人，也必是一个不断完善自己的人。要善于用两把尺子，一把尺子量别人的优点，一把尺子量自己的不足。以己之短比人之长，越比心态越好，越能奋进。这就是，善待自己的最好方法是善待别人，善待别人的最好方法，是宽容别人。人生就是一次负重旅行。累了，就放下哪怕只有一杯水的重量，让自己休息一下。这并不是偷懒，也不是不求上进，而是为了让自己轻装上路。学会生活就是学会放下。这样，自己才会在人生路上走得更踏实，走得更远。

2014-06-17 21:14

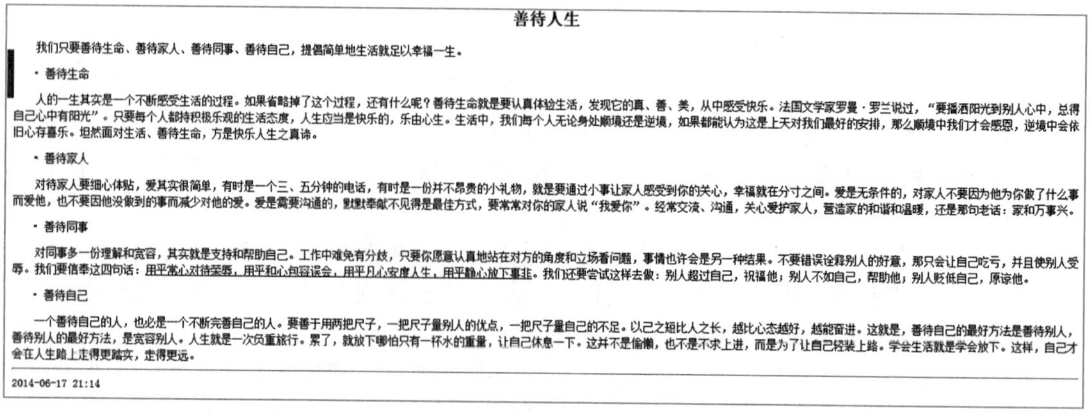

图 2－83 最终效果

［操作提示］

（1）创建一个新文档并保存为"2-3.htm"。

（2）将素材"善待人生.doc"的内容复制并选择性粘贴到新创建的文档中，保留文本的基本结构和格式，但不保留换行符，不清理 Word 段落间距。

（3）将页面字体设置为"宋体"，大小为"14px"，页边距均为"10px"，浏览器标题为"善待人生"。

（4）将文档标题"善待人生"设置为"标题2"格式并居中显示，将正文中的小标题设置项目符号排列。

（5）将文本"用平常心对待荣辱，用平和心包容误会，用平凡心安度人生，用平静心放下是非"的颜色设置为"#F00"并添加下划线效果。

（6）将每个小标题下面的每段文本开头空出两个汉字的位置。

（7）在正文最后插入一条水平线，在水平线下面插入日期，日期格式为"2014-06-17"，时间格式为"21:14"，在存储时自动更新。

（8）添加 CSS 样式代码，使行与行之间的距离为"20px"，段前段后距离均为"5px"。

2. 制作"安之秀"页面

根据提示设置文档，最终效果如图 2-84 所示。

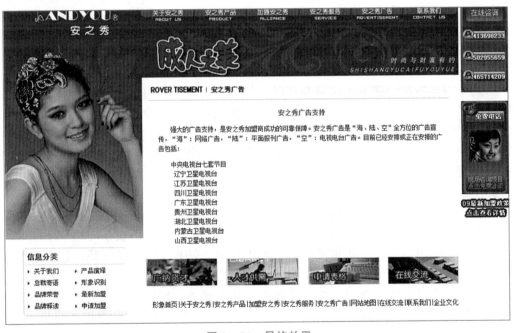

图 2-84　最终效果

［操作提示］

（1）打开素材"text.txt"，将分隔线以上的文字进行复制。打开素材中的"index_ori.htm"文件，在页面的中心位置粘贴文字。

（2）在"属性"面板中单击"CSS"按钮，设置文本的字体、字号、颜色及排列对齐方式等，按照相同的方法，根据自己的喜好设置页面中的文字属性。

（3）在"text.txt"文件中选中分隔线以下的文字，复制并粘贴到页面的版权位置，并设置文字样式。

（4）单击"插入"面板中的"水平线"按钮，在页面中插入水平线。

（5）在"属性"面板中设置水平线的基本属性。单击"属性"面板中的"快速标签编辑器"按钮，设置水平线的颜色，在代码中敲击空格，然后输入"color=#B10067"，将水平线设置为紫红色。

（6）将插入点置于版权文字的最后，单击"插入"面板中的"日期"按钮，在弹出的对话框中设置星期格式、日期格式和时间格式，单击"确定"按钮插入日期。

提示：如果希望在每次保存文档时都更新插入的日期，则勾选"储存时自动更新"复选框；如果希望日期插入后变成纯文本并永远不自动更新，则取消勾选该复选框。

2.4 处理图像

 学习目标

- 了解网页中图像的常见格式。
- 掌握插入图像的方法。
- 掌握设置图像属性的方法。
- 掌握插入图像占位符的方法。

2.4.1 图像格式

网页中图像的作用基本上可分为两种：一种是起装饰作用，如制作网页时使用的背景图像；另一种是起传递信息的作用，如新闻图像、人物图像和风景图像等。图像与文本的地位和作用是相似的，甚至文本只有配备了相应的图像，才显得更生动形象。目前，在网页中使用的最为普遍且被各种浏览器广泛支持的图像格式主要是 GIF 和 JPG 格式，PNG 格式也在逐步地被越来越多的浏览器所接受。

1. GIF 图像

GIF 格式（Graphics Interchange Format，图形交换格式），文件扩展名为 .gif，是在 Web 上使用最早、应用最广泛的图像格式，具有图像文件小、下载速度快、下载时隔行显示、支持透明色以及多个图像能组成动画的特点。GIF 以减少显示颜色数目而不降低图像品质的方式来压缩文件的大小，最多为 256 色，支持透明背景。GIF 格式最适合显示色调不连续或具有大面积单一颜色的图像，如导航条、按钮、图标、徽标或其他具有统一色彩和色调的图像，不适合显示有晕光、渐变色彩等颜色细腻的图像和照片。

2. JPEG 图像

JPEG 格式（Joint Photographic Experts Group，联合图像专家组格式），文件扩展名为 .jpg，故 JPEG 又称 JPG，是目前互联网中最受欢迎的图像格式之一。它是一种有损压缩格式，图像的细节被忽略，以缩小图像的大小，在一定的压缩率下，肉眼是很难分辨出区别的。JPG 可显示的颜色数目高达 16.7 亿色。由于 JPEG 格式可以包含数百万种颜色，因此非常适合显示摄影、具有连续色调或一些细腻、讲究色彩浓淡的图像。

3. PNG 图像

PNG 格式（Portable Network Graphics，可移植网络图形），文件扩展名为 .png，是目前

使用量逐渐增多的图像格式。PNG 格式图像不仅没有压缩上的损失，能够呈现更多的颜色，支持透明色和隔行显示，而且在显示速度上比 GIF 和 JPEG 更快一些。同时，PNG 格式图像可保留所有原始层、矢量、颜色和效果信息，并且在任何时候所有元素都是可以完全编辑的。由于 PNG 格式图像具有较大的灵活性并且文件较小，因此 PNG 格式对于几乎任何类型的网页图像都是非常适合的。不过 PNG 格式还没有普及到所有的浏览器，因此，除非用户是使用支持 PNG 格式的浏览器，否则最好使用 GIF 或 JPEG 格式，以适应更多人的需求。

GIF 和 JPEG 格式的图像可以使用 Photoshop 等图像处理软件进行处理，PNG 格式的图像更适合使用 Fireworks 图像处理软件进行处理。

2.4.2 插入图像

插入图像的方法如下：

1. 通过"选择图像源文件"对话框插入图像

（1）在文档中单击设置插入点。

（2）打开"插入"工具栏中的"常用"选项卡，单击"图像"下拉按钮，从列表框中选择"图像"命令。

（3）在打开的"选择图像源文件"对话框中选择图像文件，如图 2 - 85 所示。

（4）单击"确定"按钮，将打开"图像标签辅助功能属性"对话框，该对话框用于设置图像标签功能选项，如图 2 - 86 所示。

（5）单击"确定"按钮。

图 2 - 85 "选择图像源文件"对话框

图 2 - 86 "图像标签辅助功能属性"对话框

2.通过"文件"面板拖曳图像

在"文件"面板中选中图像文件，然后将其拖曳到文档中的适当位置，如图2-87所示。

3.通过"资源"面板插入图像

在"资源"面板中，单击"图像"按钮切换到图像分类，选中图像文件，然后单击"插入"按钮将图像插入到文档中，如图2-88所示。

图2-87 "文件"面板

图2-88 "资源"面板

2.4.3 设置图像的属性

插入图像后，如果图像的大小和位置并不合适，还需要对图像的属性进行具体的调整，如大小、位置和对齐方式等。

选择文档中的图像，"属性"面板将显示图片的名称和大小等信息，如图2-89所示，可根据需要对图像进行设置，其中各选项的作用如下：

● 宽和高：设置图像的宽度和高度，单位为像素。

● 源文件：输入图像的源文件路径，可以是绝对路径，也可以是相对路径。

图2-89 设置图像属性

● 链接：输入图像的内部和外部链接，可以是指向一个文件或一个网页。

● 替换：输入图像的说明文字。当光标停留于图片上或者图像不能正常显示时，在其相应区域将显示说明文字。

● 类：选择应用已经定义好的CSS样式。

● 地图：创建图像热点地图，包括矩形热点工具、椭圆形热点工具、多边形热点工具。

● 垂直边距和水平边距：设置图像在垂直和水平方向上的空白间距，单位默认为像素。

● 目标：设置链接文件显示的目标位置。

- 边框：设置图像的边框宽度，单位为像素。
- 对齐：默认的对齐方式下，沿着图片的底边排列，如选择"右对齐"选项的效果，图片会位于文本的右边，文字从左侧环绕图像。
- 编辑：启动外部图像编辑器编辑选中的图像。单击该按钮，打开 Photoshop 软件对图像进行编辑。前提是已装有 Photoshop 软件。
- 裁剪：单击该按钮，图像上会出现虚线区域，鼠标拖动该虚线区域四周的角点，可以切割图像。
- 重新取样：图像经过放大或缩小后，该按钮由灰色不可用状态变为可用状态，单击该按钮，可重新读取图片文件的信息。
- 亮度和对比度：可以对当前图像的亮度和对比度进行调整。单击该按钮，打开"亮度/对比度"对话框，如图 2 - 90 所示，根据需要调整"亮度"或"对比度"即可。

图 2 - 90 "亮度/对比度"对话框

- 锐化：可以改变图像的清晰度，单击该按钮，打开"锐化"对话框，如图 2 - 91 所示，调整"锐化"前后的效果对比如图 2 - 92 所示。

图 2 - 91 "锐化"对话框

图 2 - 92 调整"锐化"前后的效果对比

2.4.4 插入图像占位符

在制作网页时如果还没有需要的图像，可以临时插入图像占位符，等到有适合的图像后再插入图像文件。插入图像占位符的方法是：选择"插入"|"图像对象"|"图像占位符"命令，或者在"插入"|"常用"面板中单击图像按钮组中的"图像占位符"按钮，弹出"图像占位符"对话框，根据需要设置相关参数即可，如图 2 - 93 所示。

图 2 - 93 图像占位符

2.4.5 插入鼠标经过图像

在网页中，当鼠标指针移动到某一图像上时，该图像变成了另一幅图像；当鼠标指针移开时，又立即恢复成原来的图像，这就是所谓的"鼠标经过图像"。

插入"鼠标经过图像"的方法如下：

（1）新建网页文档。

（2）选择"插入"|"图像对象"|"鼠标经过图像"命令，打开"插入鼠标经过图像"对话框，如图2－94所示。

（3）单击"原始图像"文本框后面的"浏览"按钮，从打开的"原始图像"对话框中选择一幅图像，作为原始图像，然后单击"确定"按钮。

（4）单击"鼠标经过图像"文本框后面的"浏览"按钮，从打开的"鼠标经过图像"对话框中选择一幅图像，作为鼠标经过时显示的图像。

图2－94　"插入鼠标经过图像"对话框

（5）单击"确定"按钮，返回"插入鼠标经过图像"对话框。再单击"确定"按钮，在文档中插入鼠标经过图像。

（6）按Ctrl＋S组合键保存文档，按F12键就可以预览网页效果。

2.4.6　背景图像的设置

在网页中，可以把图像设置为网页的背景，让页面更加美观。设置背景图像的方法如下：

（1）新建网页文档。

（2）单击"属性"面板中的"页面属性"按钮，打开"页面属性"对话框。

（3）单击"背景图像"文本框右边的"浏览"按钮，打开"选择图像源文件"对话框，从中选择需要的图像文件。

（4）单击"确定"按钮，返回到"页面属性"对话框，如图2－95所示，此时"背景图像"文本框中会显示所选图像的路径。

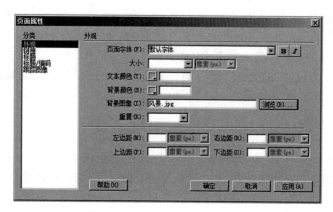

图2－95　"页面属性"对话框

（5）在"重复"下拉列表框中，可选择图像在网页中的平铺方式，如图 2-96 所示。其中各选项的功能如下：

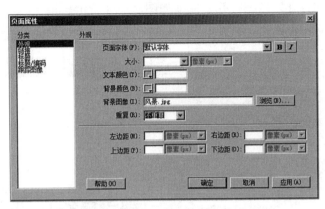

图 2-96　选择图像在网页中的平铺方式

- 不重复：选择该选项，将仅显示背景图像一次。
- 重复：选择该选项，横向和纵向重复平铺图像。
- 横向重复：选择该选项，可横向平铺图像。
- 纵向重复：选择该选项，可纵向平铺图像。

（6）单击"确定"按钮。

范例解析——购房中心网页

［学习目标］熟练掌握文本的综合应用。

［素材位置］素材＼购房中心＼原始。

［效果位置］素材＼购房中心＼效果。

根据要求创建文档并进行格式设置，在浏览器中的显示效果如图 2-97 所示。

图 2-97　效果图

［操作步骤］

（1）选择"文件"|"打开"命令，在弹出的对话框中选择"购房中心网页\index.htm"文件，单击"打开"按钮打开文件，如图 2－98 所示。

图 2－98　打开文件

（2）将光标置于文字"沉淀着醇厚的人文意蕴，"的右面，如图 2－99 所示。

（3）单击"插入"面板中"常用"选项卡中的"图像"按钮，在弹出的"选择图像源文件"对话框中选择"购房中心网页\images"文件夹中的"img.jpg"文件，单击"确定"按钮完成图片的插入，如图 2－100 所示。

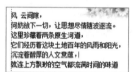

图 2－99　选取位置

图 2－100　插入图片

（4）保持图像选取状态，在"属性"面板的"对齐"选项列表中选择"右对齐"选项，如图 2－101 所示，将图像排列到说明文字的右侧，将水平边距选项设为 19。

（5）保存文档，按 F12 键浏览效果，如图 2－102 所示。

图 2－101　选择"右对齐"选项

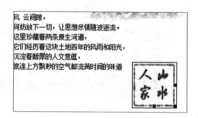

图 2－102　显示效果

综合案例——创建图文混排网页"华英食品"

［学习目标］熟练掌握图文混排，图像居左环绕，图像居右环绕等方式。

［素材位置］素材＼华英食品＼原始。

［效果位置］素材＼华英食品＼效果。

根据要求创建图文混排的网页，在浏览器中的显示效果如图 2－103 所示。

图 2－103　效果图

［操作步骤］

（1）打开原始文件，如图 2－104 所示。

图 2－104　打开原始文件

（2）将光标置于页面中，输入文字，如图 2 - 105 所示。

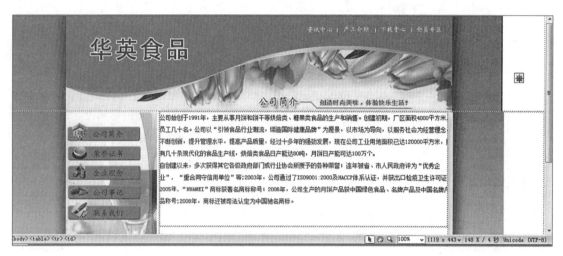

图 2 - 105 输入文字

（3）选中文本，在属性面板中单击"大小"文本框右边的按钮，在弹出的列表中选择 12，如图 2 - 106 所示。

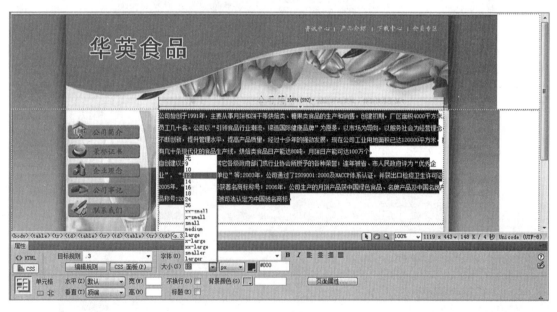

图 2 - 106 选择字号

（4）弹出"新建 CSS 规则"对话框，在对话框中的名称中输入名称，如图 2 - 107 所示。

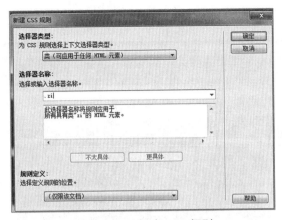

图 2 – 107 新建 CSS 规则

（5）单击"确定"按钮，设置文本大小，如图 2–108 所示。

图 2 – 108 设置文本大小

（6）将光标置于要插入图像的位置，选择"插入"|"图像"命令，弹出"选择图像源文件"对话框，在对话框中选择相应的图像文件，如图 2 – 109 所示。

图 2 – 109 选择图像源文件

（7）单击"确定"按钮，插入图像，如图 2 - 110 所示。

图 2 - 110　插入图像

（8）选中插入的图像，在"属性"面板中的"对齐"下拉列表中选择"右对齐"，如图 2 - 111 所示。

（9）保存文档，在浏览器中浏览网页，效果见图 2 - 103。

图 2 - 111　设置图像属性

课后习题

1. 制作"海洋岛"页面

根据提示插入图像，最终效果如图 2 - 112 所示。

图 2-112　效果图

［操作提示］

（1）在表格的 6 个单元格内依次插入图像"haiyangdao01.jpg"～"haiyangdao06.jpg"。

（2）设置图像的替换文本依次为"海洋岛 01"～"海洋岛 06"。

2. 制作"家居时尚"页面

根据提示插入图像，最终效果如图 2-113 所示。

图 2-113　效果图

［操作提示］
（1）打开素材"index1.htm"。
（2）按照要求插入不同的图像，并根据要求在"属性"面板上改变图像的大小。
（3）设置图像和文字的对齐方式。

2.5 插入多媒体

学习目标

- 掌握插入 SWF 动画的方法。
- 掌握其他媒体对象的插入。

网页中可以插入的多媒体文件包括声音、影片、音频文件、视频文件、Flash 对象、Java Applet 对象和 ActiveX 控件等。需要注意的是，网页上之所以能够播放音乐、影片等多媒体文件，并不是依赖浏览器本身的播放功能，而是取决于浏览器所安装的播放器插件。浏览者只有安装了多媒体对应的播放器插件，才能够正常播放多媒体文件。

2.5.1 添加背景音乐

由于背景音乐并不是一种标准的网页属性，所以需要通过修改源代码的方式为网页添加背景音乐。

（1）使用文件面板打开网站的首页 index.html，切换到代码视图。

（2）在代码"< title >唐诗三百首 < /title >"之前添加以下代码：< bgsound src = "media/131.mp3" loop = "1" / >。

bgsound 标记符的基本属性是 src，用于指定背景音乐的源文件，此处因为是当前文件夹下 media 文件夹中的文件，因此表示为 media/131.mp3。另外一个常用属性是 loop，用于指定背景音乐重复的次数；如果不指定该属性，则背景音乐无限循环。

（3）按 F12 键，在浏览器窗口中预览背景音乐效果。

提示：在网页中插入背景音乐的格式可以是 .wav、.mid 和 .mp3，这些格式的文件一般浏览器都支持。多数情况下，背景音乐采用 .mid 格式。

2.5.2 插入 Flash 动画

Flash 技术是实现和传递矢量图像和动画的首要解决方案，其播放器是 Flash Player。在 Dreamweaver CS6 中，插入 SWF 动画的方法是：选择"插入"|"媒体"|"SWF"命令，或在"插入"|"常用"面板的"媒体"按钮组中单击 ![SWF] 按钮，当然也可以在"文件"面板中选中 SWF 动画文件直接拖动到文档中。插入 SWF 动画后，其"属性"面板如图 2 - 114 所示。

图 2 - 114 "属性"面板

下面对 Flash 动画"属性"面板中的相关选项简要说明如下:

- "Flash ID":为所插入的 SWF 动画文件命名,可以进行修改。
- "宽"和"高":用于定义 SWF 动画的显示尺寸。
- "文件":用于指定 SWF 动画文件的路径。
- "循环":选择该复选框,动画将在浏览器端循环播放。
- "自动播放":选择该复选框,SWF 动画文档在被浏览器载入时,将自动播放。
- "垂直边距"和"水平边距":用于定义 SWF 动画边框与该动画周围其他内容之间的距离,以像素为单位。
- "品质":用来设定 SWF 动画在浏览器中的播放质量。
- "比例":用来设定 SWF 动画的显示比例。
- "对齐":设置 SWF 动画与周围内容的对齐方式。
- "Wmode":设置 SWF 动画背景模式。
- "背景颜色":用于设置当前 SWF 动画的背景颜色。
- **编辑(E)**:单击该按钮,将在 Flash 软件中处理源文件,当然要确保有源文件".fla"的存在,如果没有安装 Flash 软件,该按钮将不起作用。
- **播放**:单击该按钮,将在设计视图中播放 SWF 动画。
- **参数...**:单击该按钮,可设置使 Flash 能够顺利运行的附加参数。

插入 Flash 动画文件的步骤如下:

(1)将光标定位到要插入 Flash 文件的位置。

(2)在"常用"工具栏中选择媒体:SWF。

(3)在弹出的"选择文件"对话框的"查找范围"下拉列表框中选择文件所在的磁盘与文件夹,在列表中选择文件名,如图 2-115 所示,然后单击"确定"按钮。

图 2-115 选择要插入 Flash 文件

(4)回到 Dreamweaver 窗口,光标位置就会出现插入的动画文件的图标。

通常在插入动画文件后,动画背景可能会与网页背景不同,这时可以利用参数设置将动画背景透明化。

将 Flash 背景透明化的操作步骤如下:

(1)选择动画文件,然后在属性面板上单击"参数"按钮。

(2)出现"参数"对话框后,在"参数"文本框中输入 wmode,并在"值"文本框中输入 transparent，如图 2-116 所示，然后单击"确定"按钮。这样动画背景就会变得透明，能够融入网页背景中。

2.5.3 插入 FLV 视频

随着宽带技术的发展和推广，出现了许多视频网站。越来越多的人选择观看在线视频，在网上可以进行视频聊天、在线看电影等。具体操作方法如下：

图 2-116 Flash 透明化参数设置

选择菜单命令"插入"|"媒体"|"FLV"，打开"插入 FLV"对话框，如图 2-117 所示。在"视频类型"下拉列表中选择"累进式下载视频"。Dreamweaver 提供了两种方式用于将 FLV 视频传送给站点浏览者。

（1）"累进式下载视频"：将 FLV 文件下载到站点访问者的硬盘上，然后进行播放。但是，与传统的"下载并播放"视频传送方法不同，累进式下载允许在下载完成之前就开始播放视频文件。

（2）"流视频"：对视频内容进行流式处理，并在一段可确保流畅播放的很短的缓冲时间后在网页上播放该内容。若要在网页上启用流视频，必须具有访问 Adobe Flash Media Server 的权限。

在"URL"文本框中设置 FLV 文件的路径，如"images/aoshan.flv"。如果 FLV 文件位于当前站点内，可单击"浏览"按钮来选定该文件。如果 FLV 文件位于其他站点内，可在文本框内输入该文件的 URL 地址，如"http://www.ls.cn/ls.flv"。在"外观"下拉列表中选择适合的选项，如"Halo Skin 3"。"外观"选项用来指定视频组件的外观，所选外观的预览会显示在"外观"下拉列表的下方。单击"检测大小"按钮来检测 FLV 文件的幅面大小并自动填充到"宽度"和"高度"文本框中。

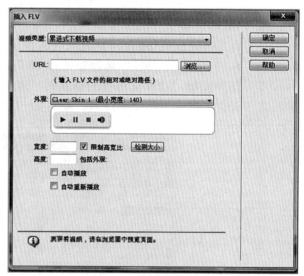

图 2-117 插入 FLV

说明：

（1）FLA 文件：扩展名为".fla"，是使用 Flash 软件创建的项目的源文件，此类型的文件只能在 Flash 中打开。因此，在网页中使用时通常在 Flash 中将它发布为 SWF 文件，这样才能在浏览器中播放。

（2）SWF 文件：扩展名为".swf"，是 FLA 文件的编译版本，已进行优化，可以在网页上查看。此文件可以在浏览器中播放并且可以在 Dreamweaver 中进行预览，但不能在 Flash 中编辑此文件。

（3）FLV 文件：扩展名为".flv"，是一种视频文件，它包含经过编码的音频和视频数据，用于通过 Flash Player 进行传送。例如，如果有 QuickTime 或 Windows Media 视频文件，就可以使用编码器将视频文件转换为 FLV 文件。

范例解析——营养美食

［学习目标］熟练掌握如何插入 Flash 动画。

［素材位置］素材\营养美食\原始。

［效果位置］素材\营养美食\效果。

根据要求在网页中插入 Flash 动画，在浏览器中的显示效果如图 2 - 118 所示。

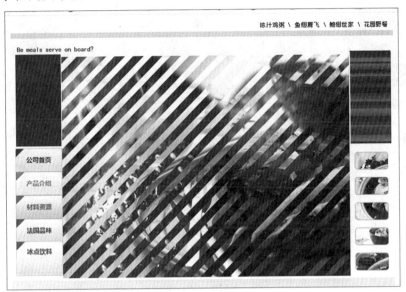

图 2 - 118　效果图

［操作步骤］

（1）选择"文件"|"打开"命令，在弹出的对话框中选择素材中的"Ch03\clip\营养美食网页\index.htm1"文件，单击"打开"按钮打开文件，如图 2 - 119 所示。

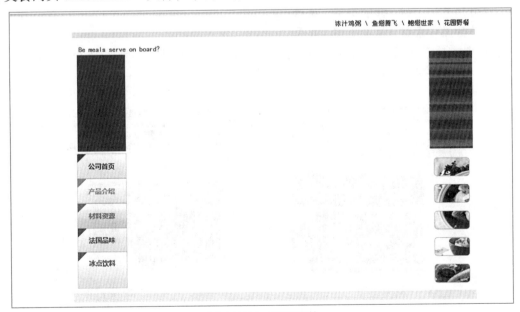

图 2 - 119　打开文件

（2）将光标置入中间的空白单元格中，在"插入"面板的"常用"选项卡中单击"Flash"按钮，在弹出的"选择文件"对话框中选择素材"Ch03\clip\营养美食网页\images"文件夹中的"01.swf"文件，单击"确定"按钮完成Flash影片的插入，如图2-120所示。

（3）选中插入的Flash动画，单击"属性"面板中的"播放"按钮，在文档窗口中预览效果，单击"属性"面板中的停止按钮，可以停止放映。

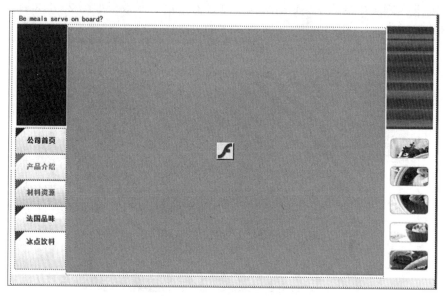

图 2-120 插入 Flash

（4）保存文档，按F12键预览效果，见图2-118。

综合案例——袖珍小国网页

［学习目标］熟练掌握如何插入图像和SWF动画。

［素材位置］素材\袖珍小国\原始。

［效果位置］素材\袖珍小国\效果。

根据要求插入和设置图像及SWF动画，在浏览器中的显示效果如图2-121所示。

图 2-121 效果图

［操作步骤］

（1）打开素材"2-4.htm"，然后选择"修改"｜"页面属性"命令，打开"页面属性"对话框，在"外观（CSS）"分类中设置背景图像"bg.jpg"，重复方式设置为"repeat"，如图 2-122 所示。

图 2-122　设置图像背景

（2）将鼠标光标置于图像插入位置，选择"插入"｜"图像"命令，插入图像"monage.jpg"。

（3）将图像的宽度设置为"250px"，高度自动按比例变化，将图像的替换文本设置为"袖珍小国"，如图 2-123 所示。

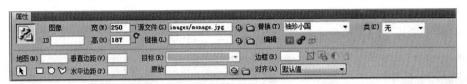

图 2-123　设置图像属性

（4）将鼠标光标置于 SWF 动画插入位置，然后选择菜单命令"插入"｜"媒体"｜"SWF"，插入 SWF 动画文件"monage.swf"。

（5）在"属性"面板中，选择"循环"和"自动播放"复选框，如图 2-124 所示。

图 2-124　设置 SWF 动画属性

（6）保存文件。

课后习题

1. 化妆品

根据提示插入 Flash 动画，最终效果如图 2-125 所示。

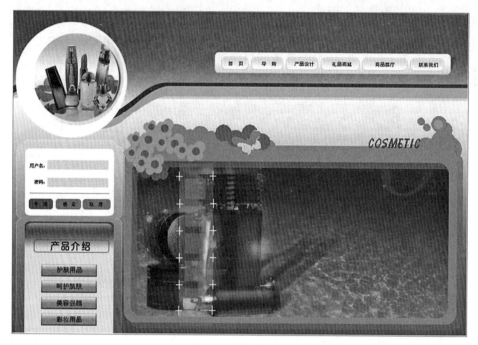

图 2-125 效果图

[操作提示]

（1）打开素材中的原文件"index1.htm"。

（2）按照要求插入 Flash 动画，并根据要求在"属性"面板改变动画的大小。

2. 保洁公司

根据提示插入 Flash 动画，最终效果如图 2-126 所示。

图 2-126 效果图

［操作提示］

（1）打开素材中的原文件"index.htm"。

（2）在相应的位置按照要求插入 Flash 动画，并根据要求在"属性"面板改变 Flash 动画的大小。

2.6 超级链接

 学习目标

- 掌握超级链接的类型和设置方法。
- 掌握文本超级链接状态的设置方法。
- 掌握图像和热点超级链接的区别与联系。
- 掌握锚点超级链接状态的设置方法。

2.6.1 超级链接的概念

超级链接是指从一个网页指向一个目标的连接关系，这个目标可以是另一个网页，也可以是相同网页上的不同位置，还可以是一个图片、一个电子邮件地址、一个文件，甚至是一个应用程序。超级链接由网页上的文本、图像等元素，以及赋予了可以链接到其他网页的 Web 地址而形成，让网页之间形成一种互相关联的关系。Dreamweaver 提供了多种创建超级链接的方法，可创建到文档、图像、多媒体文件或可下载软件的超级链接，可以建立到文档内任意位置的任何文本或图像的超级链接。

在互联网中，每个网页都有唯一的地址，通常称为 URL（Uniform Resource Locator，统一资源定位符）。URL 的书写格式通常为"协议：// 主机名 / 路径 / 文件名"，例如，"http://www.wyx.net/bbs/index.htm"便是网站论坛的 URL，而"http://www.wyx.net"省略了路径和文件名，但服务器会将首页文件回传给浏览器。由此可以看出，URL 主要用来指明通信协议和地址，以便取得网络上的各种服务，它包括以下几个组成部分：

- 通信协议：包括 HTTP、FTP、Telnet 和 Mailto 等几种形式。
- 主机名：指服务器在网络中的 IP 地址或域名，在互联网中使用得多是域名。
- 路径和文件名：主机名与路径及文件名之间以"/"分隔。

在创建到同一站点内文档的链接时，通常不指定作为链接目标的文档的完整 URL，而是指定一个始于当前文档或站点根文件夹的相对路径。

2.6.2 超级链接路径

创建超级链接时必须了解链接与被链接的路径。在一个网站中，路径通常有 3 种表示方式：绝对路径、根目录相对路径、文档相对路径。

1. 绝对路径

绝对路径提供所链接文档的完整的 URL，其中包括所使用的协议，对于网页而言，通常"http://www.sina.com/index"，即是一个绝对路径。对于图像文件，完整 URL 可能会类似于"http://www.adobe.com/supportdreamweaver/images/imagel.jpg"。

绝对路径包含的地址是精确地址，因此不需要考虑源文件的位置。如果目标文件被移动，则链接无效。在一个站点链接其他站点上的文档时，也就是创建外部链接时（即从一个网站的网页链接到其他网站的网页），必须使用绝对路径。

2. 根目录相对路径

根目录相对路径是指从站点文件夹到被链接文档经过的路径。站点上所有公开的文件都存放在站点的根目录下。

根目录相对路径以"/"开头，表示站点文件夹。例如，"/web/index.htm"是指站点文件夹下的 Web 子文件夹中的一个文件（index.htm）的根目录相对路径。使用根目录相对路径时，即使移动包含根目录相对链接的文档，链接也不会发生错误。

3. 文档相对路径

文档相对路径的基本思想是省略对于当前文档和所链接的文档都相同的绝对路径部分，而只提供不同的路径部分。例如："dreamweaver/contents.html"。对于大多数 Web 站点的本地链接来说，是最适用的路径。在当前文档与所链接的文档处于同一文件夹内，而且可能保持这种状态的情况下，文档相对路径非常有用。文档相对路径还可用来链接其他文件夹中的文档，方法是利用文件夹层次结构，指定从当前文档到所链接的文档的路径。

在 Dreamweaver CS6 中，单击"属性（HTML）"面板"链接"列表框后面的"浏览"按钮，可打开"选择文件"对话框，通过"相对于"下拉列表设置链接的路径类型，如图 2-127 所示。

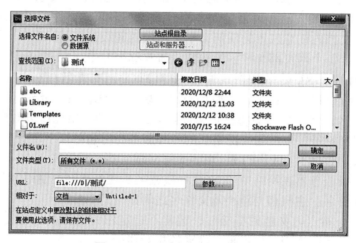

图 2-127 "选择文件"对话框

2.6.3 创建超级链接的方法

使用 Dreamweaver 创建链接既简单又方便，只要选中要设置成超链接的文字或图像，然后应用以下几种方法添加相应的 URL 即可。

1. 使用"属性"面板创建链接

使用"属性"面板创建链接的方法很简单，选择要创建链接的对象，选择"窗

口"|"属性"命令，打开"属性"面板。在面板中的"链接"文本框中的输入要链接的路径，即可创建链接，如图 2-128 所示。

图 2-128　在"属性"面板中设置链接

2. 使用指向文件图标创建链接

使用直接拖动的方法创建链接时，要先建立一个站点，选择"窗口"|"属性"命令，打开"属性"面板，选中要创建链接的对象，在面板中单击"指向文件"按钮，按住鼠标左键不放并将该按钮拖动到站点窗口中的目标文件上，释放鼠标左键即可创建链接，如图 2-129 所示。

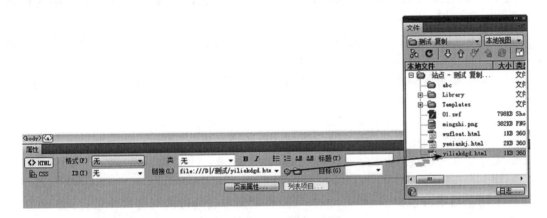

图 2-129　使用指向文件图标创建链接

3. 使用菜单创建链接

使用菜单命令创建链接也非常简单，选中创建超链接的文本，选择"插入"|"超级链接"命令，弹出"超级链接"对话框，如图 2-130 所示。在对话框中的"链接"文本框中输入链接的目标，或单击"链接"文本框右边的"浏览文件"按钮，选择相应的链接目标，单击"确定"按钮，即可创建链接。

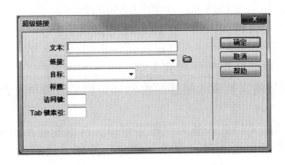

图 2-130　使用菜单创建链接

2.6.4 超级链接的分类

根据链接载体形式的不同，超级链接可分为以下 3 种：

（1）文本超级链接：以文本作为超级链接载体。

（2）图像超级链接：以图像作为超级链接载体。

（3）表单超级链接：当填写完表单后，单击相应按钮会自动跳转到目标页。

根据链接目标位置的不同，超级链接可分为以下 2 种：

（1）内部超级链接：链接目标位于同一站点内的超级链接形式。

（2）外部超级链接：链接目标位于站点外的超级链接形式。外部超级链接可以实现网站之间的跳转，从而将浏览范围扩大到整个网络。

根据链接目标形式的不同，超级链接可分为以下 6 种：

（1）网页超级链接：链接到 HTML、ASP、PHP 等格式的网页文档的链接，这是网站最常见的超链接形式。

（2）下载超级链接：链接到图像、影片、音频、DOC、PPT、PDF 等资源文件或 RAR、ZIP 等压缩文件的链接。

（3）锚记超级链接：可以跳转到当前网页或其他网页中的某一指定位置的链接，这个网页可以位于当前站点内，也可以位于其他站点内。

（4）电子邮件超级链接：将会启动邮件客户端程序，可以写邮件并发送到链接的邮箱中。

（5）空链接：链接目标形式上为"#"，主要用于在对象上附加行为等。

（6）脚本链接：用于创建执行 JavaScript 代码的链接。

下面介绍几种链接的创建。

1. 网站内部链接

一个网站通常会包含多个网页，各个网页之间可以通过内部链接使彼此之间产生联系。在 Dreamweaver 中，可以为文本或图片创建内部链接。设置内部链接的具体步骤如下：

（1）选定要建立链接的文本或图像。

（2）打开"属性"面板，单击"链接"文本框右侧的文件夹图标。打开"选择文件"对话框，或者在"链接"文本框中直接输入要链接内容的路径。在"目标"下拉列表中选择窗口的打开方式。

"目标"下拉列表中主要有以下选项：

● "_blank"：将链接的文档载入一个新的浏览器窗口。

● "new"：将链接的文档载入同一个刚创建的窗口中。

● "_parent"：将链接的文档载入该链接所在框架的父框架或父窗口。如果包含链接的框架不是嵌套框架，则所链接的文档载入整个浏览器窗口。

● "_self"：将链接的文档载入链接所在的同一框架或窗口。此目标是默认的，因此通常不需要特别指定。

● "_top"：将链接的文档载入整个浏览器窗口，从而删除所有框架。

（3）选择一个需要链接的文件，单击"确定"按钮，这时便建立了链接。默认链接的文字以蓝色显示，还带有下划线。

（4）设置文本超级链接的状态。

通过"页面属性"对话框的"链接（CSS）"分类，可以设置文本超级链接的状态，包括字体、大小、颜色及下划线等，如图 2 - 131 所示。

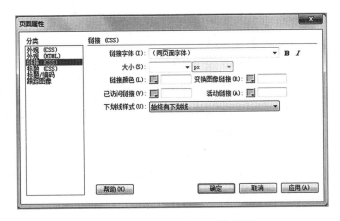

图 2 - 131 "链接（CSS）"分类

"链接"分类中的相关选项说明如下：

● "链接字体"：设置链接文本的字体，另外，还可以对链接的字体进行加粗和斜体的设置。

● "大小"：设置链接文本的大小。

● "链接颜色"：设置链接没有被单击时的静态文本颜色。

● "已访问链接"：设置已被单击过的链接文本颜色。

● "变换图像链接"：设置将鼠标光标移到链接上时文本的颜色。

● "活动链接"：设置对链接文本进行单击时的颜色。

● "下划线样式"：共有 4 种下划线样式，如果不希望链接中有下划线，可以选择"始终无下划线"选项。

2. 网站外部链接

网站外部链接是相对于内部链接而言的，指用户将自己制作的网页与 Internet 建立链接，这就需要知道要链接网站的网址。例如，要将页面中的文字与网易网站的主页建立超级链接，具体的操作方法与内部链接没有本质的区别，只需选中页面文字，在"属性"面板的"链接"文本框中输入 http://www.163.com 即可。

3. 创建空链接

如果制作网页只是为了测试一下页面，只要文本、图片等对象被加上了超级链接（而不一定必须设置具体的链接）时，就需要创建空链接。创建空链接的操作步骤如下：

（1）选中需要创建空链接的文本。

（2）在"属性"面板上的"链接"文本框中输入"#"号，就创建了空链接。

4. 创建电子邮件链接

电子邮件链接的设置方法与其他链接的设置方法基本相同。唯一的区别是电子邮件链接并不是移动到特定的站点或网页文档，而是直接调用可发送邮件的程序。创建电子邮件链接的操作步骤如下：

（1）将光标定位到需要插入邮件地址的位置。

（2）选择"插入"|"电子邮件链接"命令，打开"电子邮件链接"对话框，如图 2 – 132 所示。

（3）在"文本"文本框中输入邮件链接要显示在页面上的文本，在 E-mail 文本框中输入要链接的邮箱地址，如图 2 – 133 所示。

（4）单击"确定"按钮，邮件链接就加到了当前文档中。

图 2 – 132　"电子邮件链接"对话框　　　　　图 2 – 133　输入文本及 E-mail 地址

5. 创建图像热点链接

在网页中，超链接可以是文字，也可以是图像。图像整体可以是一个超链接的载体，而且图像中的一部分或多个部分也可以分别成为不同的链接。图像热点（或称图像地图、图像热区）实际上就是为一幅图像绘制一个或几个独立区域，并为这些区域添加超级链接。创建图像热点超级链接必须使用图像热点工具，它位于图像"属性"面板的左下方，包括矩形热点工具、椭圆形热点工具和多边形热点工具 3 种形式。

创建图像热点超级链接的方法是：选中图像，然后单击"属性"面板左下方的热点工具按钮，如矩形热点工具按钮，并将鼠标光标移到图像上，按住鼠标左键并拖曳，绘制一个区域，接着在"属性"面板中设置链接地址、目标窗口和替换文本，如图 2 – 134 所示。

图 2 – 134　热点链接

范例解析——创建图像热点链接（风景这边独好）

［学习目标］熟练掌握文本的综合应用。

［素材位置］素材 \ 塞上江南 \ 原始。

［效果位置］素材 \ 塞上江南 \ 效果。

根据要求设置网页中的超级链接，在浏览器中的显示效果如图 2 – 135 所示。

［操作步骤］

（1）打开网页文档"3-5.htm"，然后鼠标光标选中图像"huangguoshu.jpg"。

（2）单击"属性"面板左下方的热点工具按钮 ◯，并将鼠标光标移到图像上，按住鼠标左键拖曳绘制一个圆形区域，如图 2 – 136 所示。

图 2 - 135　效果图

图 2 - 136　绘制热点区域

（3）接着在"属性"面板中设置链接地址、目标窗口和替换文本，如图 2 - 137 所示。

图 2 - 137　热点属性

（4）利用同样的方法依次创建其他 3 个热点超级链接，分别指向文件"tianxingqiao. htm"、"doupotang.htm"和"shitouzhai.htm"。

（5）选中文本"黄果树瀑布群"，在"属性（HTML）"面板的"链接"下拉列表框中定义链接地址"dapubu.htm"，在"目标"下拉列表中选择"_blank"选项，如图 2 - 138 所示。

图 2 – 138　设置链接

（6）利用相同的方法给其他导航文本创建超级链接，分别指向文件"tianxingqiao. htm"、"doupotang.htm"和"shitouzhai.htm"。

（7）选中图像"hgshu.jpg"在"属性"面板的"链接"下拉列表框定义链接地址"hgshu.htm"，在"目标"下拉列表中选择"_blank"选项，如图 2 – 139 所示。

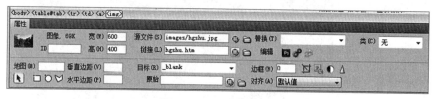

图 2 – 139　选择目标

（8）将鼠标光标置于文本"联系我们："的后面，然后选择菜单命令"插入"|"电子邮件"，打开"电子邮件链接"对话框，在"文本"和"电子邮件"文本框中均输入电子邮件地址 wjx@tom.com，如图 2 – 140 所示。

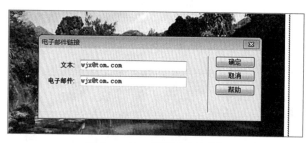

图 2 – 140　设置电子邮件

（9）选择"修改"|"页面属性"命令，打开"页面属性"对话框，在"链接（CSS）"分类的"链接颜色"和"已访问链接"右侧的文本框输入颜色代码"#000"，在"变换图像链接"右侧的文本框输入颜色代码"#F00"，在"下划线样式"下拉列表中选择"仅在变换图像时显示下划线"选项，如图 2 – 141 所示。

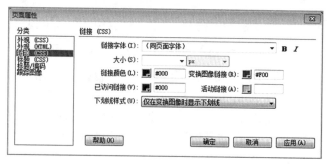

图 2 – 141　链接样式

（10）保存文件。

6. 创建锚记链接

如果浏览一个内容很长的网页，需要上下拖动滚动条来查看网页的内容时，就会比较麻烦，使用命名锚记可以解决此问题。命名锚记使用户可以在文档中设置标记，这些标记通常放在文档的特定主题处或顶部。然后可以创建到这些命名锚记的链接，这些链接可快速将浏览者带到指定位置。

创建到命名锚记的链接过程分为两步：首先创建命名锚记，然后创建到该命名锚记的链接。

（1）创建命名锚记。操作步骤如下：

1）将光标定位到要创建命名锚记的位置，如页面顶部。选择"插入"|"命名锚记"命令，打开"命名锚记"对话框，如图 2 - 142 所示。

2）在"锚记名称"文本框中，输入锚的名称。

3）设置完成后，单击"确定"按钮。

图 2 - 142 "命名描记"对话框

4）这时可以在文档窗口中看到锚记。

如果在文档窗口中看不到锚记，选择"查看"|"可视化助理"|"不可见元素"命令，使之可见。

锚记在文档中的位置还可以通过拖动鼠标来改变。锚记的名称也可以在"属性"面板中进行更改。

（2）创建锚记超级链接。操作步骤如下：

1）在网页文档中选择要建立链接的文本或图像。

2）打开"属性"面板，在"链接"文本框中输入锚记名称及其相应前缀。如果目标锚记位于当前文档，则在"链接"文本框中先输入"#"号再输入链接的锚记名称。如果目标锚记位于其他文档中，则先输入该文档的 URL 地址和名称，再输入"#"号，最后输入链接的锚记名称。此处目标锚记位于当前文档中，在"链接"文本框中输入"#111"，如图 2 - 143 所示。

图 2 - 143 在"链接"文本框中输入 # 及链接的锚记名称

3）按 Fl2 键进行浏览，单击链接的文字即可回到页面顶部。

关于锚记超级链接目标地址的写法应该注意以下几点：

● 如果链接的目标命名锚记位于同一文档中，只需在"链接"文本框中输入一个"#"符号，然后输入链接的锚记名称，如"#a"。

● 如果链接的目标命名锚记位于同一站点的其他网页中，则需要先输入该网页的路径和名称，然后再输入"#"符号和锚记名称，如"jingdian htm#a""jingguan/jingdian.htm#a"。

● 如果链接的目标命名锚记位于互联网上另一站点的网页中，则需要先输入该网页的完整地址，然后再输入"#"符号和锚记名称，如"http://www.ls.comljingguan/jingdian.htm#a"。

另外，不能在绝对定位的元素（AP 元素）中插入命名锚记，锚记名称区分大小写。

综合案例——名胜古迹

［学习目标］熟练掌握超链接的设置。

［素材位置］素材 \ 名胜古迹 \ 原始。

［效果位置］素材 \ 名胜古迹 \ 效果。

根据要求设置超级链接，在浏览器中的显示效果如图 2 - 144 所示。

名胜古迹

1、万里长城 2、桂林山水 3、杭州西湖 4、北京故宫 5、苏州园林
6、安徽黄山 7、长江三峡 8、台湾日月潭 9、承德避暑山庄 10、秦陵兵马俑

使用【百度】搜索更多内容

1、万里长城

万里长城，是中国伟大的军事建筑，它规模浩大，被誉为古代人类建筑史上的一大奇迹。万里长城主要景观有八达岭长城、葛田岭长城、司马台长城、山海关、嘉峪关、虎山长城、九门口长城等。其中位于北京昌平的八达岭长城是明长城中保存最完好，最具代表性的一段。这里是重要关口居庸关的前哨，地势险要，历来是兵家必争之地。登上这里的长城，可以居高临下，尽览崇山峻岭的壮丽景色。迄今为止，已有三百多位知名人士到此游览。

2、桂林山水

桂林位于广西东北部，南岭山系西南端，属典型的"喀斯特"岩溶地貌，遍布全市的石灰岩经亿万年的风化浸蚀，形成了千峰环立、一水抱城、洞奇石美的独特景观，被世人美誉为"桂林山水甲天下"。桂林两千多年的历史，使它具有丰厚的文化底蕴。在漫长的岁月里，桂林的奇山秀水吸引着无数的文人墨客，使他们写下了许多脍炙人口的诗篇和文章，刻下了两千余件石刻和壁书。另外，历史还在这里留下了许多古迹遗址。这些独特的人文景观，使桂林得到了"游山如读史，看山如观画"的赞誉。

3、杭州西湖

杭州西湖旧称武林水、钱塘湖、西子湖，宋代始称西湖。苏堤和白堤将湖面分成里湖、外湖、岳湖、西里湖和小南湖五个部分。西湖历史上除有"钱塘十景"、"西湖十八景"之外，最著名的是南宋定名的"西湖十景"和1985年评出的"新西湖十景"。在以西湖为中心的60平方公里的园林风景区内，分布着风景名胜40多处，重点文物古迹30多处。西湖风景主要以一湖、二峰、三泉、四寺、五山、六园、七洞、八墓、九溪、十景为胜。

4、北京故宫

北京故宫，又名紫禁城，是明清两代的皇宫，也是世界上最大最完整的古代宫殿建筑群。故宫有一条贯穿宫城南北的中轴线，在这条中轴线上布置着帝王发号施令的太和殿、中和殿、保和殿和帝后居住的乾清宫、交泰殿、坤宁宫。在其内廷部分，左右各形成一条以太上皇居住的宁寿宫和以太妃居住的慈寿宫为中心的次要轴线，这两条次要轴线又和外朝以太和门为中心，与左边的文华殿，右边的武英殿相呼应。两条次要轴线和中央轴线之间，有斋宫及养心殿，其后即为妍妃居住的东西六宫。

5、苏州园林

苏州古典园林宅园合一，可赏、可游、可居。这种建筑形态的形成，是在人口密集和缺乏自然风光的城市中，人类依恋自然，追求与自然和谐相处，美化和完善自身居住环境的一种创造。拙政园、留园、网师园、环秀山庄这四座古典园林，建筑类型齐全，保存完整，系统而全面地展示了苏州古典园林建筑的布局、结构、造型、风格、色彩以及装修、家具、陈设等各个方面内容，是14-20世纪初江南民间建筑的代表作品，反映了这一时期中国江南地区高度的居住文明。

图 2 - 144　效果图

［操作步骤］

（1）打开素材"4-2.htm"，然后选中文本"百度"，在"属性（HTML）"面板的"链接"文本框中输入链接地址"http://www.baidu.com"，在"目标"下拉列表中选择"_blank"选项，在"标题"文本框中输入"到百度检索"，如图 2 - 145 所示。

（2）选中第 1 幅图像"01.jpg"，然后在"属性"面板的"链接"文本框中定义链接目标文件"changcheng.htm"，目标窗口打开方式为"_blank"，替换文本为"长城"，如图 2 - 146 所示。

图 2-145　到百度检索

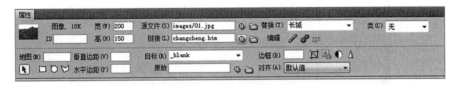

图 2-146　长城

（3）用鼠标光标选中最后一行文本中的"联系我们"，然后选择菜单命令"插入"|"电子邮件链接"，弹出"电子邮件链接"对话框，在"电子邮件"文本框中输入电子邮件地址"us@163.com"，单击"确定"按钮，如图 2-147 所示。

（4）将鼠标光标置于正文中小标题"1.万里长城"处，然后选择菜单命令"插入"|"命名锚记"，弹出"命名锚记"对话框，在"锚记名称"文本框中输入名称"a"，单击"确定"按钮插入锚记，如图 2-148 所示。

图 2-147　电子邮件

图 2-148　命名锚记

（5）利用相同的方法，依次在正文中其他小标题处分别插入锚记名称"b""c""d""e""f""g""h""i""j"。

（6）选中文档标题"名胜古迹"下面的导航文本"万里长城"，然后在"属性（HTML）"面板的"链接"下拉列表框中输入锚记名称"#a"，如图 2-149 所示。

图 2-149　输入锚记名称

（7）利用相同的方法依次给其他导航文本建立锚记超级链接，分别指到相应锚记处。

（8）选择"修改"|"页面属性"命令，打开"页面属性"对话框，切换到"链接（CSS）"分类，设置链接颜色和已访问链接颜色均为"#036"，变换图像链接颜色为"#F00"，在"下划线样式"下拉列表中选择"仅在变换图像时显示下划线"选项，如图 2-150 所示。

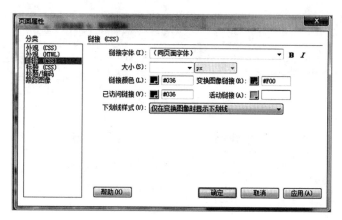

图 2-150　链接样式

（9）保存文件。

课后习题

1. 制作"日月潭"页面

根据提示设置超级链接，最终效果如图 2-151 所示。

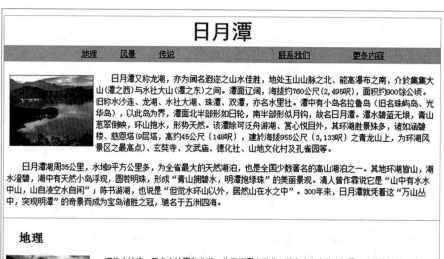

图 2-151　效果图

［操作提示］

（1）设置文本"更多内容"的链接地址为"http://www.baidu.com"，打开目标窗口的方式均为在新窗口中打开。

（2）给文本"联系我们"添加电子邮件超级链接，链接地址为"us@tom.com"。

（3）设置网页中所有图像的链接目标文件均为"picture.htm"，打开目标窗口的方式均为在新窗口中打开。

（4）在正文中的"地理""风景""传说"处依次添加命名锚记"a""b""c"。

（5）给文档顶端的文本"地理""风景""传说"依次添加锚记超级链接。

2. 制作"红袖坊"页面

根据提示设置超级链接，最终效果如图2-152所示。

图 2-152　效果图

[操作提示]

（1）打开素材"index_ori.htm"。

（2）选中页面中的文字"品牌介绍"创建内部链接。在"面板"中单击"链接"文本框右侧的"浏览文件"按钮，在弹出的对话框中选择文件"main.htm"文件。

（3）选中页面左上角的标志创建外部链接。在"属性"面板中的"链接"文本框中输入外部的链接地址，例如："http://www.redhouse-fashion.com/"，然后在"目标"下拉列表中设置这个链接的目标窗口为"_blank"。

（1）选中页面左侧"邮件联系"文字创建邮件链接。在"属性"面板中的"链接"文本框中输入"mailto:"，后面跟电子邮件地址。如输入"mailto:hu_song@126.com"。

（2）为"新款画册"文字创建下载链接。在"属性"面板中将链接指向站点面板中的画册文件"gallery.rar"即可。

（3）选中要制作脚本链接的对象"关闭窗口"文字，在"属性"面板的"链接"文本框中输入调用"JavaScript"脚本的函数名称"javascript:window.close()"。

（4）按下F12键在浏览器中测试链接效果。

2.7 表格

学习目标

- 掌握插入表格的方法。
- 掌握设置表格及其元素属性。
- 掌握表格的基本操作。
- 掌握使用表格布局网页的方法。

表格是网页排版设计的常用工具，表格在网页中不仅可以用来排列数据，而且可以对页面中的图像、文本等元素进行准确的定位，使页面在形式上既丰富多彩又有条理。

在 Adobe Dreamweaver 中，表格可以用于制作简单的图表，还可以用于安排网页文档的整体布局，起着非常重要的作用。

2.7.1 表格的基本概念

在开始制作表格之前，先对表格的各部分名称做简单介绍。

一张表格横向称为行，纵向称为列。行列交叉部分就称为单元格。单元格中的内容和边框之间的距离称为边距。单元格和单元格之间的距离称为间距。整张表格的边缘称为边框。

2.7.2 创建表格

创建表格的方法如下：

（1）新建一个 HTML 文档。

（2）切换"插入"面板到"常用"选项卡。

（3）单击插入面板的"表格"按钮（或选择"插入"|"表格"命令，如图 2-153 所示），打开"表格"对话框。

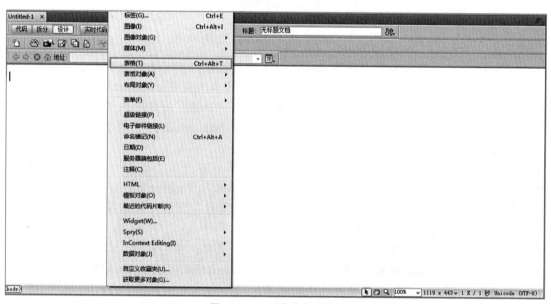

图 2-153 "表格"按钮

（4）如图 2 - 154 所示，在"表格"对话框中设置行数为 4，列数为 5，表格宽度为 300 像素，边框粗细为 1 像素。

"表格"对话框中的各项有着特定的含义。在"表格大小"选项区域中指定以下选项：

- 行数：确定表格行的数目。
- 列数：确定表格列的数目。
- 表格宽度：以像素为单位或按占浏览器窗口宽度的百分比指定表格的宽度。
- 边框粗细：指定表格边框的宽度（以像素为单位）。
- 单元格边距：确定单元格边框和单元格内容之间的距离（以像素为单位）。
- 单元格间距：确定相邻单元格之间的距离（以像素为单位）。

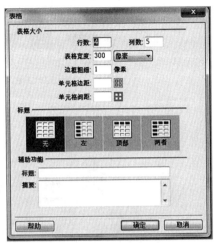

图 2 - 154　表格

在"标题"选项区域中选择一个标题选项：

- 无：不启用列或行标题。
- 左：可以将表的第一列作为标题列，以便在表中的每一行输入一个标题。
- 顶部：可以将表的第一行作为标题行，以便在表中的每一列输入一个标题。
- 两者：能够在表中输入列标题和行标题。

在"辅助功能"选项区域中指定以下选项：

- 标题：提供了一个显示在表格外的表格标题。
- 摘要：可以在此写出表格的说明。通过屏幕阅读器可以读取摘要文本，但是该文本不会在浏览器中显示。

（5）单击"确定"按钮。

2.7.3　导入与导出表格数据

Dreamweaver 是一个开放的程序，使用 Dreamweaver 工作时，可直接利用外部的数据进行工作，也可将 Dreamweaver 的数据导出。例如，导入 Excel 工作表中的数据，向 Dreamweaver 之外的程序导出表格数据。

1. 导入 Excel 表格数据

Dreamweaver 支持 Excel 表格的导入。导入 Excel 表格的方法如下：

（1）新建一个 HTML 文件。

（2）选择"文件"|"导入"|"Excel 文档"命令，打开"导入 Excel 文档"对话框，如图 2 - 155 所示。

（3）选择目标文档，单击"打开"按钮完成导入。

对于其他表格数据，Dreamweaver 并不支持直接导入，这时需要先将这些表格数据另存为文本文件。

图 2-155 "导入 Excel 文档"对话框

下面以 Excel 为例，了解一下其他表格的导入。

（1）在 Excel 中选择"文件"|"另存为"命令，打开如图 2-156 所示的"另存为"对话框。在保存类型中选择"文本文件（制表符分隔）"，然后单击"保存"按钮保存该文件。

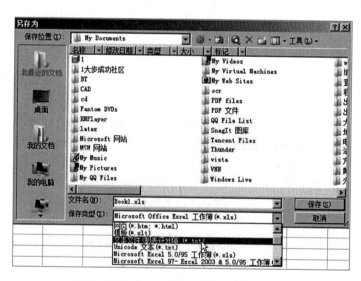

图 2-156 Excel 中的"另存为"对话框

（2）回到 Dreamweaver 中选择"文件"|"导入"|"表格式数据"命令，打开如图 2-157 所示的"导入表格式数据"对话框。对话框中各参数的作用如下：

● 数据文件：选择要导入的数据文件。

● 定界符：选择分隔表格数据的分隔符。包括 Tab（制表符）、逗号、分号、引号、其他（手工设置所需的分隔符）。

● 匹配内容：选此单选按钮，表格的宽度以数据宽度为准。

● 设置为：选此单选按钮，指定表格宽度，并可设定宽度单位。

● 单元格边距：设置数据与单元格边框之间的距离。

● 格式化首行：对首行文本设置样式。

● 单元格间距：表格内单元格之间的距离。

图 2－157 "导入表格式数据"对话框

● 边框：设置表格的边框宽度。

（3）单击"数据文件"右侧的"浏览"按钮，在打开的窗口中选择此前保存的文本文件。

（4）单击"确定"按钮，完成数据导入。

2. 导出表格数据

如果要将 Dreamweaver 文档中的表格数据导出，可按下列操作方法完成：

（1）新建表格，并输入数据。

（2）选择"文件"|"导出"|"表格"命令，打开如图 2－158 所示的"导出表格"对话框。

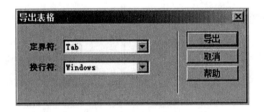

图 2－158 "导出表格"对话框

● 定界符：选择用何种分隔符分隔表格数据。

● 换行符：选择断行类型。

（3）选择分隔表格数据的分隔符及换行符。

提示：换行符需要根据导出数据实际使用的系统环境进行设置，本例因为导出的数据将在 Windows 操作系统中使用，所以选择 Windows。

（4）单击"导出"按钮，打开如图 2－159 所示的"表格导出为"窗口，选择保存地址，输入文件名，单击"保存"按钮。

图 2 - 159 "表格导出为"窗口

3. 排序表格数据

利用 Dreamweaver 的"排序表格"命令可以对表格指定列的内容进行排序。方法是：先选中整个表格，然后选择"命令"|"排序表格"命令，打开"排序表格"对话框，在该对话框中进行参数设置即可，如图 2 - 160 所示。表格排序主要针对具有格式数据的表格，根据表格列中的数据来排序的。如果表格中含有经过合并生成的单元格，则表格将无法使用排序功能。

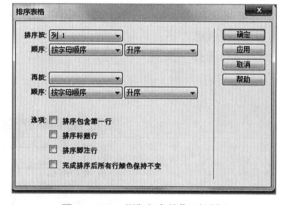

图 2 - 160 "排序表格"对话框

下面对"排序表格"对话框中的相关参数进行简要说明。

● "排序按"：设置使用哪个列的值对表格的行进行排序。

● "顺序"：设置是按字母还是按数字顺序以及是以升序（A 到 Z，数字从小到大）还是以降序对列进行排序。当列的内容是数字时，选择"按数字顺序"。

如果按字母顺序对一组由一位或两位数组成的数字进行排序，则会将这些数字作为单词进行排序（排序结果如 1、10、2、20、3、30），而不是将它们作为数字进行排序（排序结果如 1、2、3、10、20、30）。

● "再按"和"顺序"：设置将在另一列上应用的第 2 种排序方法的排序顺序。在"再按"中指定将应用第 2 种排序方法的列，并在"顺序"中指定第 2 种排序方法的排序顺序。

● "选项"：共有 4 个复选框，"排序包含第一行"用于设置将表格的第一行包括在排序中，如果第一行是标题类型则不选择此选项。"排序标题行"用于设置使用与主体行相同的条件对表格 thead 部分（如果有）中的所有行进行排序。不过，即使在排序后，thead 行也将保留在 thead 部分并仍显示在表格的顶部。"排序脚注行"用于设置按照与主体行相同的条件对表格的 tfoot 部分（如果有）中的所有行进行排序。不过，即使在排序后，tfoot 行仍将保留在 tfoot 部分并仍显示在表格的底部。"完成排序后所有行颜色保持不变"用于设置排序之后表格行属性（如颜色）应该与同一内容保持关联。如果表格行使用两种交替的颜色，则不要选择此选项以确保排序后的表格仍具有颜色交替的行。如果行属性特定于每行的内容，则选择此选项以确保这些属性保持与排序后表格中正确的行关联在一起。

范例解析——设计师家园

［学习目标］熟练掌握表格的导入及排序。

［素材位置］素材\设计师家园\原始。

［效果位置］素材\设计师家园\效果。

根据要求进行表格的导入及排序，在浏览器中的显示效果如图 2 - 161 所示。

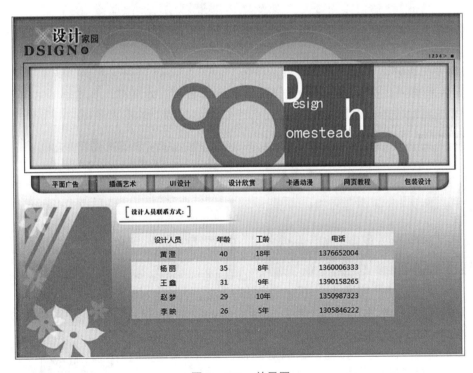

图 2 - 161　效果图

［操作步骤］

（1）导入表格式数据。

1）选择文件打开命令，在弹出的对话框中选择素材" Ch05\clip\ 设计师家园网\ index "文件，单击"打开"按钮打开文件，如图 2 - 162 所示。

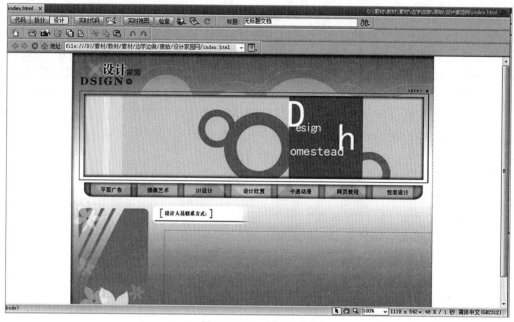

图 2-162 打开文件

2）将光标放置在要导入表格数据的位置，如图 2-163 所示。选择"插入"|"表格对象"|"导入表格式数据"命令，弹出"导入表格式数据"对话框，如图 2-164 所示。

图 2-163 选择位置

图 2-164 导入表格式数据

3）在对话框中单击"数据文件"选项右侧的"浏览"按钮，弹出"打开"对话框，选择素材"Ch05\clip\设计师家园网"文件夹中的"jianjie.txt"文件，单击"确定"按钮，返回对话框。单击"确定"按钮，导入表格式数据。导入结果如图 2-165 所示。

4）将导入表格的第 1 行单元格全部选中，在"属性"面板的"水平"下拉列表中选择"居中对齐"选项，在"高"选项的数值框中输入"25"，将"背景颜色"选项设为乳白色（#F3F3F3），如图 2-166 所示。

5）将导入表格的第 2 行单元格全部选中，在"属性"面板的"水平"下拉列表中选择"居中对齐"选项，在"高"选项的数值框中输入"25"，将"背景颜色"选项设为土黄色（#F4DAAA），用相

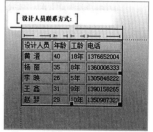

图 2-165 导入结果

同的方法设置其他行的单元格，如图 2 - 167 所示。

图 2 - 166　单元格背景颜色 1

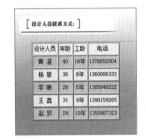

图 2 - 167　单元格背景颜色 2

6）选择导入的表格，在"属性"面板中，将"宽"设为"470"，"填充""间距""边框"均设为"0"，如图 2 - 168 所示。

图 2 - 168　表格属性

7）保存文档，按 F12 键预览效果，如图 2 - 169 所示。

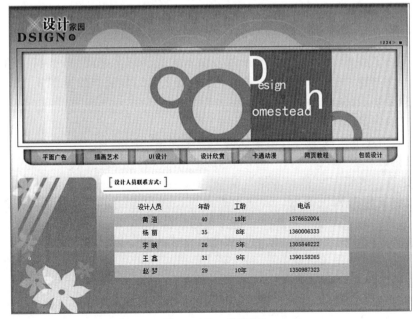

图 2 - 169　效果图

（2）排序表格。

1）选中如图 2-170 所示的表格，选择"命令"|"排序表格"命令，弹出"排序表格"对话框。

设计人员	年龄	工龄	电话
黄澄	40	18年	1376652004
杨丽	35	8年	1360006333
李映	26	5年	1305846222
王鑫	31	9年	1390158265
赵梦	29	10年	1350987323

图 2-170　排序表格

2）在"排序按"下拉列表中选择"列 2"选项，在"顺序"下拉列表中选择"按字母顺序"选项，在后面的下拉列表中选择"降序"。单击"确定"按钮，表格重新排序，如图 2-171 所示。

（3）保存文档，按 F12 键预览效果。

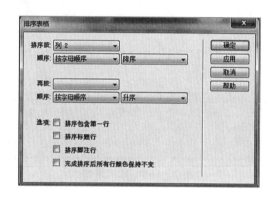

图 2-171　排序表格

2.7.4　表格的基本操作

在网页中，表格用于网页内容的排版，插入的表格通常是规则的表格，有时会不符合实际需要，这时就需要对表格进行编辑。下面是表格的最基本的操作。

（1）选择整个表格。

选择整个表格最常用的方法有以下几种：

1）单击表格左上角或单击表格中任何一个单元格的边框线。

2）将鼠标光标置于表格内，选择"修改"|"表格"|"选择表格"命令，或在右键快捷菜单中选择"表格"|"选择表格"命令。

3）将鼠标光标移到表格内，表格上端或下端弹出绿线的标志，单击绿线中的"下拉"按钮，从弹出的下拉菜单中选择"选择表格"命令。

4）将鼠标光标移到表格内，单击文档窗口左下角相应的"<table>"标签。

具体操作如下：

1）单击表格的某一个单元格，如图 2-172（a）所示。

2）选择"修改"|"表格"|"选择表格"命令，可以选中光标所在的表格，如

图 2 - 172（b）所示。

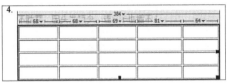

（a）单击单元格　　　　　　　　　（b）选中光标所在的表格

图 2 - 172　选择表格

（2）选择行或列。

选择表格的行或列最常用的方法有以下几种：

1）当鼠标光标位于欲选择的行首或列顶时，变成黑色箭头形状，这时单击鼠标左键，便可选择行或列。如果按住鼠标左键并拖曳，可以选择连续的行或列，也可以按住 Ctrl 键依次单击欲选择的行或列，这样可以选择不连续的多行或多列。

选中表格中某一列方法如下：

● 将鼠标指针移动到要选定列的上方，鼠标指针变成向下的黑箭色头形状。

● 单击即可以选定该列，如图 2 - 173 所示。

选中表格中某一行的方法如下：

● 将鼠标指针移动到要选定行的左边，鼠标指针变成向右的黑色箭头形状。

● 单击即可以选定该行，如图 2 - 174 所示。

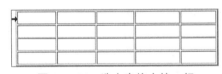

图 2 - 173　选中表格中的一列　　　　　图 2 - 174　选中表格中的一行

2）按住鼠标左键从左至右或从上至下拖曳，将选择相应的行或列，如图 2 - 175 所示。

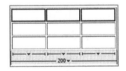
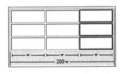

（a）从左至右拖曳　　　　　　　　（b）从上至下拖曳

图 2 - 175　按住鼠标左键选择相应的行或列

3）将光标移到欲选择的行中，单击文档窗口左下角的"<tr>"标签选择该行，如图 2 - 176 所示。

（3）选中多个单元格。

选中多个单元格的方法如下：

1）将鼠标指针移动到要选定的单元格中。

2）拖动鼠标即可选定想要选择的多个单元格，如图 2 - 177 所示。

（4）选中多个不连续的单元格。

选中多个不连续单元格的方法如下：

图 2 - 176　"<tr>"标签选择该行

1）按下 Ctrl 键的同时单击要选择的单元格。

2）继续单击其他单元格，即可选定不连续的单元格，如图 2－178 所示。

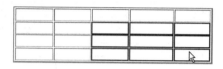
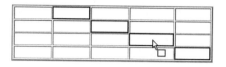

　　图 2－177　选中多个单元格　　　　　　图 2－178　选定不连续的单元格

（5）复制、粘贴和删除单元格。

可以一次复制、粘贴或删除单个表格单元格或多个单元格并保留单元格的格式设置。复制、粘贴和删除单元格的方法如下：

1）选择连续行中形状为矩形的一个或多个单元格。

2）选择"编辑"|"剪切"或"复制"命令，剪切或复制选定的单元格。

3）选择"编辑"|"粘贴"命令，粘贴复制的单元格。如果在表格外粘贴，将自动创建一个新的表格。

（6）删除行或列。

选中要删除的行或列，选择"修改"|"表格"|"删除行（列）"命令，将删除光标所在的行或列。实际上，最简捷的方法就是选中要删除的行或列，直接按 Delete 键。

（7）增加行或列。

首先将鼠标光标移到欲插入行或列的单元格内，然后采取以下最常用的方法进行操作。

1）选择"修改"|"表格"|"插入行"命令，则在鼠标光标所在单元格的上面增加 1 行。同样，选择"修改"|"表格"|"插入列"命令，则在鼠标光标所在单元格的左侧增加 1 列。也可使用右键快捷菜单命令"表格"|"插入行"或"表格"|"插入列"进行操作。

2）选择"修改"|"表格"|"插入行或列"命令，在弹出的"插入行或列"对话框中进行设置，如图 2－179 所示，加以确认后即可完成插入操作。也可在右键快捷菜单命令中选择"表格"|"插入行或列"，弹出该对话框。

图 2－179　插入行或列

在图 2－179 所示的对话框中，"插入"选项组包括"行"和"列"两个单选按钮，其默认选择的是"行"单选按钮，因此下面的选项就是"行数"，在"行数"选项的文本框内可以定义预插入的行数，在"位置"选项组中可以定义插入行的位置是"所选之上"还是"所选之下"。在"插入"选项组中如果选择的是"列"单选按钮，那么下面的选项就变成了"列数"，"位置"选项组后面的两个单选按钮就变成了"当前列之前"和"当前列之后"。

（8）合并单元格。

合并单元格的方法如下：

1）选定两个或多个要进行合并的单元格，如图 2－180 所示。

2）单击"属性"面板中的"合并所选单元格，使用跨度"按钮，即可将选定的单元格合并，如图 2－181 所示。

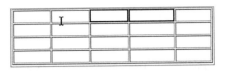

图 2－180　选定要合并的单元格

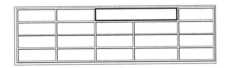

图 2－181　合并后的单元格

（9）拆分单元格。

拆分单元格的方法如下：

1）将鼠标指针置入要进行拆分的行或列中，如图 2－182 所示。

2）单击单元格"属性"面板中的"拆分单元格为行或列"按钮，将打开"拆分单元格"对话框，如图 2－183 所示。

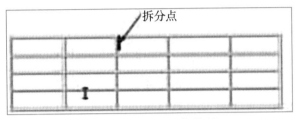

图 2－182　定位鼠标指针

3）单击"确定"按钮，拆分后的效果如图 2－184 所示。

图 2－183　"拆分单元格"对话框

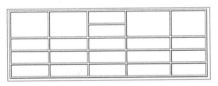

图 2－184　拆分单元格后的效果

（10）调整表格的大小。

调整表格大小的方法如下：

1）首先选择整个表格。

2）单击并拖曳右下角的选择柄，调整表格的整体大小；拖动右边的选择柄，调整水平方向表格的大小；拖动底部的选择柄，调整垂直方向表格的大小，如图 2－185 所示。

（11）调整表格行或列的大小。

调整表格行或列的大小的方法如下：

1）将鼠标指针移至某一行或列的边线上。

2）当鼠标指针呈 ⬍ 或 ↔ 形状时，单击并拖曳鼠标，即可调整行高或列宽，如图 2－186 所示。

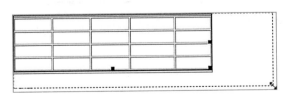

图 2－185　调整表格的整体大小

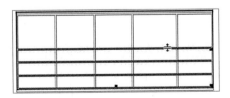

图 2－186　调整行高

利用"属性"面板可设置表格或单元格的属性，从而改变表格或单元格的外观。

2.7.5　设置表格及元素属性

直接插入的表格有时并不能让人满意，在 Dreamweaver 中，通过设置表格或单元格的属性，可以很方便地修改表格的外观。

1. 设置表格属性

可以在表格"属性"面板中对表格的属性进行详细的设置，在设置表格属性之前首先要选中表格，表格的"属性"面板如图 2 - 187 所示。

图 2 - 187　表格的"属性"面板

在表格的"属性"面板中可以设置以下参数：

- 表格 TNR 文本框：表格的 TNR。
- "行"和"列"：表格中行和列的数量。
- "宽"：以像素为单位或表示为占浏览器窗口宽度的百分比。
- "填充"：单元格内容和单元格边界之间的像素数。
- "间距"：相邻的表格单元格间的像素数。
- "对齐"：设置表格的对齐方式，该下拉列表框中共包含 4 个选项，即"默认""左对齐""居中对齐""右对齐"。
- "边框"：用来设置表格边框的宽度。
- "类"：对该表格设置一个 CSS 类。

: 用于清除行高。

: 将表格的宽由百分比转换为像素。

: 将表格的宽由像素转换为百分比。

: 从表格中清除列宽。

2. 设置单元格的属性

将光标置于单元格中，该单元格就处于选中状态，此时"属性"面板中显示出所有允许设置的单元格属性的选项，如图 2 - 188 所示。

图 2 - 188　单元格的"属性"面板

在单元格的"属性"面板中可以设置以下参数：

- "水平"：设置单元格中对象的对齐方式，"水平"下拉列表框中包含"默认""左对齐""居中对齐""右对齐"4 个选项。

- "垂直"：也是设置单元格中对象的对齐方式，"垂直"下拉列表框中包含"默认""顶端""居中""底部""基线"5 个选项。
- "宽"和"高"：用于设置单元格的宽与高。
- "不换行"：表示单元格的宽度将随文字长度的不断增加而加长。
- "标题"：将当前单元格设置为标题行。
- "背景颜色"：用于设置单元格的颜色。
- "页面属性"：设置单元格的页面属性。

综合案例——居家装饰

［学习目标］熟练掌握如何使用表格布局。

［素材位置］素材 \ 居家装饰 \ 原始。

［效果位置］素材 \ 居家装饰 \ 效果。

根据要求使用表格布局网页，在浏览器中的显示效果如图 2-189 所示。

图 2-189　效果图

［操作步骤］

（1）创建一个新文档并保存为"5-4.htm"，然后选择"修改"|"页面属性"命令，打开"页面属性"对话框，设置页面字体为"宋体"，大小为"14px"，上边距为"0"。

（2）设置页眉部分。选择"插入"|"表格"命令，插入一个 1 行 1 列的表格，设置宽度为"780 像素"，边距、间距和边框均为"0"。

（3）在表格"属性"面板中设置表格的对齐方式为"居中对齐"，然后在单元格"属性"面板中设置单元格的水平对齐方式为"居中对齐"，高度为"80"。

（4）将鼠标光标置于单元格中，然后选择菜单命令"插入"|"图像"，插入图像"logo.gif"，如图 2-190 所示。

图 2 - 190　插入图像

（5）将鼠标光标置于上一个表格的后面，然后继续插入一个 2 行 1 列的表格，属性设置如图 2 - 191 所示。

图 2 - 191　表格属性设置

（6）将第 1 行单元格的水平对齐方式设置为"居中对齐"，高度设置为"45"，然后在单元格中插入导航图像"navigate.jpg"。

（7）将第 2 行单元格的水平对齐方式为"居中对齐"，高度设置为"30"，然后选择"插入"｜"HTML"｜"水平线"命令，在单元格中插入水平线，如图 2 - 192 所示。

图 2 - 192　插入水平线

（8）设置主体部分。在页眉表格的外面继续插入一个 1 行 2 列的表格，设置宽度为"780 像素"，边距、间距和边框均为"0"，对齐方式为"居中对齐"。

（9）设置左侧单元格对齐方式为"居中对齐"，垂直对齐方式均为"顶端"，宽度为"180"，然后在其中插入一个 9 行 1 列的表格，属性设置如图 2 - 193 所示。

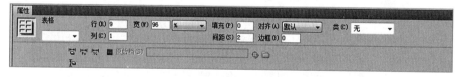

图 2 - 193　表格属性设置 1

（10）设置所有单元格的水平对齐方式均为"居中对齐"，垂直对齐方式均为"居中"，高度为"30"，背景颜色为"#CCCCCC"，然后输入文本。

（11）设置右侧单元格的水平对齐方式为"居中对齐"，垂直对齐方式为"顶端"，宽度为"600"，然后再其中插入一个 3 行 4 列的表格，属性设置为如图 2 - 194 所示。

图 2 - 194　表格属性设置 2

（12）将第 1 行单元格进行合并，设置其水平对齐方式为"居中对齐"，高度为

"150"，然后选择"插入" | "媒体" | "SWF"命令，在其中插入 Flash 动画"jujia.swf"。

（13）设置第 2 行和第 3 行的所有单元格的水平对齐方式为"居中对齐"，垂直对齐方式为"居中"，宽度为"25%"，高度为"120"，然后在单元格中依次插入图像"01.jpg"～"08.jpg"，如图 2－195 所示。

图 2－195　插入 Flash 动画和图像

（14）设置页脚部分。在主体部分表格的外面继续插入一个 3 行 1 列的表格，设置宽度为"780 像素"，边距、间距和边框均为"0"，对齐方式为"居中对齐"。

（15）设置第 1 行和第 3 行单元格的水平对齐方式为"居中对齐"，高度为"30 像素"，然后在第 1 行和第 3 行单元格中输入相应的文本。

（16）设置第 2 行单元格的水平对齐方式为"居中对齐"，高度为"10 像素"，然后在单元格中插入图像"line.jpg"，如图 2－196 所示。

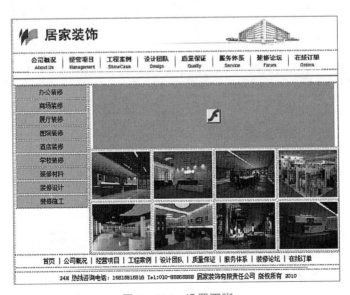

图 2－196　设置页脚

（17）保存文件。

课后习题

1. 制作"时尚戒指"页面

根据要求利用表格布局页面，最终效果如图 2 – 197 所示。

[操作提示]

（1）新建文件并保存为"index1.htm"。

（2）插入表格，进行页面的布局，并在属性栏设置相应的表格和单元格属性。

（3）在表格中插入相应的图像和文字，以及 Flash 动画，并设置相应的尺寸大小。

图 2 – 197　效果图

2. 制作"家具天地"页面

根据要求利用表格布局页面，最终效果如图 2 – 198 所示。

[操作提示]

（1）新建文件并保存为"index1.htm"。

（2）插入表格，进行页面的布局，并在属性栏设置相应的表格和单元格属性。

（3）在表格中插入相应的图像和文字，以及 Flash 动画，并设置相应的尺寸大小。

（4）导入表格式数据，选中素材中让"文本 .txt"文件导入。

（5）按 F12 保存预览。

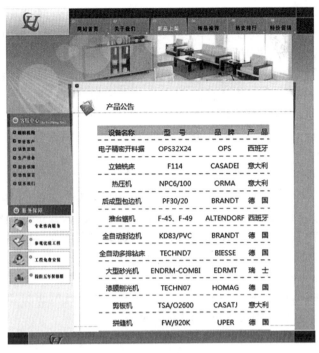

图 2 - 198　效果图

2.8　框架

 学习目标

- 掌握创建、编辑和保存框架的方法。
- 掌握设置框架和框架集属性的方法。

　　使用框架可以将浏览器窗口分成包含单独网页的区域,这样可以使网页布局更合理,同时也能对网站或网页起到导航作用。这些被划分出来的区域称为框架,在每个框架中可以显示不同的网页文档。这些框架可以有各自独立的背景、滚动条和标题等。通过在这些不同的框架之间设置超级链接,还可以在浏览器窗口中呈现出有动有静的效果。
　　框架集就是框架的集合,是 HTML 文件,主要用来定义一组框架的布局和属性,包括显示在页面中框架的数目、框架的大小和位置、最初在每个框架中显示的页面的 URL,以及其他一些可定义属性的相关信息。框架集文件本身不包含要在浏览器中显示的内容,只是向浏览器提供应如何显示一组框架以及在这些框架中应显示哪些文档的有关信息。框架是框架集中显示的文档。每个框架实质上都是一个独立存在的 HTML 文档。

2.8.1　框架和框架集的工作原理

　　通常可以用框架来设置网页中固定的几个部分,如一个框架显示包含导航控件的文档,而另一个框架显示包含内容的文档。如果一个网页左边的导航菜单是固定的,而页面中间的信息可以上下移动来展现所选择的网页内容，这一般就可以认为是一个框架网页。也有一些站点在其页面上方放置了公司的 Logo 或图像，其位置也是固定的，而页面的其他部分则可以上下左右移动来展现相应的网页内容，这也可以认为是一个框架网页。

如果要在浏览器中查看一组框架网页，需要输入框架集文件的 URL，浏览器将打开要显示在这些框架中的相应文档。比如一个由 3 个框架组成的框架网页结构；一个框架位于顶部，其中包含站点的徽标和标题等；一个较窄的框架位于左侧，其中包含导航条；一个大框架占据了页面的其余部分，其中包含要显示的主要内容。这些框架中的每一个网页都显示单独的网页文档。

框架不是文件而是存放文档的容器，因此当前显示在框架中的文档实际上并不是框架的一部分。如果一个框架网页在浏览器中显示为包含 3 个框架的单个页面，则它实际上至少由 4 个网页文档组成：框架集文件以及 3 个文档，这 3 个文档包含最初在这些框架内显示的内容。在 Dreamweaver 中设计使用框架集的页面时，必须保存所有这 4 个文件，该页面才能在浏览器中正常显示。

框架网页的创建步骤和普通网页有所区别，具体的创建顺序如下：

（1）创建框架结构：首先需要创建一个新网页，并将此网页分割，从而获得自己需要的框架结构，并称这个新网页为框架的主页面。

（2）设置框架：为分割后的框架指定或新建一个显示具体内容的页面。

（3）创建链接：为每个框架命名，并通过"属性"面板为文本或图像指定链接。

（4）保存框架网页：将所有的网页全部保存起来。

2.8.2　框架的创建

（1）新建一个文件，然后选择"插入"|"HTML"|"框架"|"上方及左侧嵌套"命令，如图 2 - 199 所示，弹出如图 2 - 200 所示的"框架标签辅助功能属性"对话框。

图 2 - 199　选择"上方及左侧嵌套"

图 2－200　创建框架

（2）此处可以为每个框架命名。当然，若没有命名，以后也可以通过"属性"面板重新命名。因此，这里直接单击"确定"按钮，得到如图 2－201 所示的框架页。如果要调整框架的宽度，可以直接拖放框架的边框。

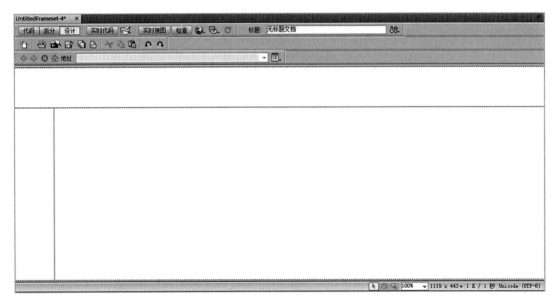

图 2－201　插入框架后的网页

2.8.3　保存框架页

保存框架和框架集文件的具体操作步骤如下：

（1）在文档窗口中选择框架集，选择"文件"|"框架集另存为"命令，弹出"另存为"对话框，将框架集命名为"index"，如图 2－202 所示，单击"保存"按钮，保存框架集。

（2）光标置于框架的顶部，选择"文件"|"保存框架"命令，弹出"另存为"对话框，将顶部框架命名为"top"，如图 2－203 所示，单击"保存"按钮，保存顶部框架。

图 2-202　为框架集命名

图 2-203　为顶部的框架命名

　　（3）将光标置于左边的框架中，选择"文件"|"保存框架"命令，弹出"另存为"对话框，将左边框架命名为"left"，如图 2-204 所示，单击"保存"按钮，保存左边的框架。

　　（4）将光标置于右边的框架中，选择"文件"|"保存框架"命令，弹出"另存为"对话框，将右边框架命名为"right"，如图 2-205 所示，单击"保存"按钮，保存右边的框架。

图 2 - 204   保存左边框架

图 2 - 205   保存右边框架

注意：在浏览器中预览框架集前，必须保存框架集文件以及要在框架中显示的所有文档。可以单独保存每个框架集文件和带框架的文档，也可以同时保存框架集文件和框架中出现的所有文档。在保存框架页的时候，不能只简单地保存一个文件。根据实际情况，可以按以下顺序依次进行保存：

（1）保存各个框架页。方法是：在框架内单击鼠标，接着选择菜单命令"文件" | "保存框架"，将当前框架页保存，每个框架页都需要进行保存。

（2）保存整个框架集文件。方法是：选择最外层框架集，并选择菜单命令"文件" | "保存框架页"，将框架集文件保存。

2.8.4 选择框架和框架集

选择框架和框架集既可以在"框架"面板中选择，也可以在文档中选择。

1. 在"框架"面板中选择框架或框架集

具体方法如下：

（1）选择"窗口"|"框架"命令，打开"框架"面板，在"框架"面板中单击需要选择的框架，框架的边界就会被虚线包围，如图2-206所示。

（2）在"框架"面板中单击"框架集"的边框，框架集的内侧出现虚线，即表示框架集已被选中，如图2-207所示。

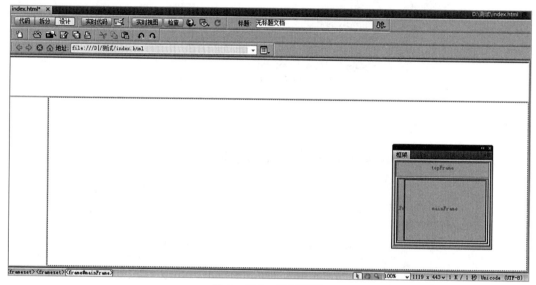

图2-206 选择框架

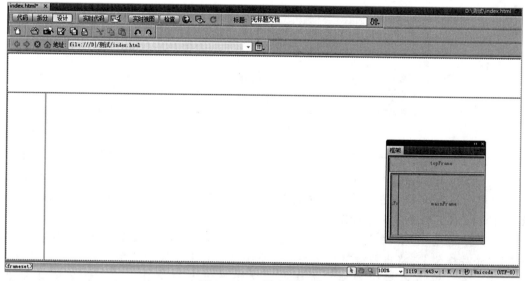

图2-207 选中框架集

提示：也可以按住Alt键，再单击文档窗口中需要选择的框架。默认情况下，建立框架组时会自动选择整个框架作为操作对象，此时框架组中所有框架的边界都会被虚线包围。

2. 在文档窗口中选择框架或框架集

在文档窗口选择一个框架后，它的边界会出现虚线，同样选中框架集后，它的所有边界都会出现虚线。在文档窗口中选择框架和框架集的具体方法如下：

（1）将光标置于要选择的框架中，按住 Shift+Alt 组合键单击鼠标左键，框架边框内出现虚线，可选中该框架，如图 2 - 208 所示。

（2）当鼠标指针靠近框架边框时，指针变为水平方向箭头或是垂直双向箭头时，单击鼠标左键，框架集内出现虚线，即可选中整个框架集，如图 2 - 209 所示。

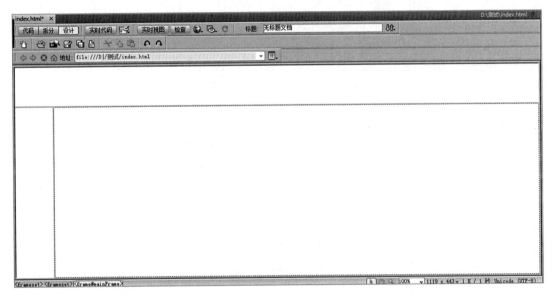

图 2 - 208　选择框架

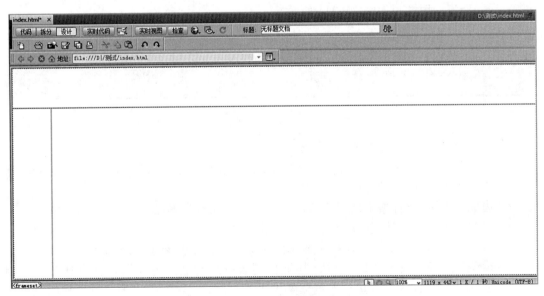

图 2 - 209　选中框架集

2.8.5 设置框架和框架集属性

1. 设置框架属性

选中框架后，其"属性"面板如图 2-210 所示。

图 2-210 框架"属性"面板

下面对框架"属性"面板中各项参数的含义进行简要说明：

● "框架名称"：用于设置链接指向的目标窗口名称。

● "源文件"：用于设置框架中显示的页面文件。

● "边框"：用于设置框架是否有边框，其下拉列表中包括"默认""是""否"3个选项。"默认"选项，将由浏览器端的设置来决定是否有边框。

● "滚动"：用于设置是否为可滚动窗口，其下拉列表中包含"是""否""自动""默认"4个选项。"是"表示显示滚动条；"否"表示不显示滚动条；"自动"将根据窗口的显示大小而定，也就是当该框架内的内容超过当前屏幕上下或左右边界时，滚动条才会显示，否则不显示；"默认"表示将不设置相应属性的值，从而使各个浏览器使用默认值。

● "不能调整大小"：用于设置在浏览器中是否可以手动设置框架的尺寸大小。

● "边框颜色"：用于设置框架边框的颜色。

● "边界宽度"：用于设置左右边界与内容之间的距离，以"像素"为单位。

● "边界高度"：用于设置上下边框与内容之间的距离，以"像素"为单位。

2. 设置框架集属性

要显示框架集的"属性"面板，首先单击框架的边框，选中框架集，此时属性面板中将显示框架集的属性，如图 2-211 所示。

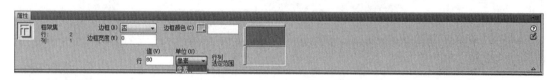

图 2-211 框架集的"属性"面板

在框架集的"属性"面板中，各项参数设置如下：

● "边框"：设置是否有边框，其下拉列表框中包含"是""否""默认"3个选项，选择"默认"，将由浏览器端的设置来决定。

● "边框宽度"：设置整个框架集的边框宽度，以像素为单位。

● "边框颜色"：用来设置整个框架集的边框颜色。

● "行"或"列"："属性"面板中显示的是行或列，由框架集的结构而定。

● "单位"：行、列尺寸的单位，其下拉列表框中包含"像素"、"百分比"和"相对"3个选项。以"像素"为单位设置框架大小时，尺寸是绝对的，即这种框架的大小永远是固定的。若网页中其他框架用不同的单位设置框架的大小，则浏览器首先为这种框架分配屏幕空间，再将剩余空间分配给其他类型的框架。以"百分比"为单位设置框架大小时，框架的大小将随框架集大小按所设的百分比发生变化。在浏览器分配屏幕空间时，它比"像素"类型的框架后分配，比"相对"类型的框架先分配。以"相对"为单位设置框架大小时，框架在前两种类型的框架分配完屏幕空间后再分配，它占据前两种框架的所有剩余空间。

设置框架大小最常用的方法是将左侧框架设置为固定像素宽度，将右侧框架设置为相对大小。这样在分配像素宽度后，能够使右侧框架伸展以占据所剩余空间。

当设置单位为"相对"时，在"值"文本框中输入的数字将消失。如果想指定一个数字，则必须重新输入。但是，如果只有一行或一列，则不需要输入数字。因为该行或列在其他行和列分配空间后，将接受所有剩余空间。为了确保浏览器的兼容性，可以在"值"文本框中输入"1"，这等同于不输入任何值。

2.8.6　框架内的链接

如果要在一个框架中使用超级链接打开另一个框架中的文档，必须设置链接目标窗口打开方式。超级链接的 target 属性指定在其中打开所链接内容的框架或窗口。

例如，在左侧框架"leftFrame"中选中文本，接着在"属性（HTML）"面板的"链接"文本框中设置链接目标文件，并在"目标"下拉列表中设置要显示链接文档的目标框架，通常为"mainFrame"，如图 2 – 212 所示。

图 2 – 212　目标框架

在"属性（HTML）"面板的"目标"下拉列表中，除了前 5 个是传统的目标窗口打开方式外，后面的是框架网页中的框架名称，仅当在框架网页内编辑文档时才显示框架名称。

当在文档窗口中单独打开在框架中显示的没有框架的源文件时，框架名称不会显示在"目标"下拉列表中。当然，在这种情况下可以直接在"目标"下拉列表中输入目标框架的名称。

2.8.7　使用框架存在的问题

如果确定要使用框架，它最常用于导航。一组框架中通常包含两个框架：一个含有导航条，另一个显示主要内容页面。按这种方式使用框架，它具有以下优点：

（1）浏览者的浏览器不需要为每个页面重新加载与导航相关的图形。

（2）每个框架都具有自己的滚动条，因此浏览者可以独立滚动这些框架。

但是，Adobe 公司并不鼓励在网页布局中使用框架，原因可归纳为以下几个方面：

（1）可能难以实现不同框架中各元素的精确图形对齐。

（2）对导航进行测试可能很耗时间。

（3）框架中显示的每个页面的 URL 不显示在浏览器地址栏中，因此浏览者可能难以将特定页面设为书签。

（4）目前并非所有浏览器都对框架提供良好的支持，并且框架对于残障人士来说导航会有困难。

（5）更主要的是，在许多情况下可以创建没有框架的网页，它可以达到与框架网页同样的效果。例如，如果希望导航条显示在页面的左侧，在站点中的每一页的左侧处包含该导航条即可。在 Dreamweaver 中，使用模板和库都可以实现这一目标，它们既具有类似框架布局的页面设计，又没有使用框架。

（6）目前大多数的搜索引擎都无法识别网页中的框架，或者无法对框架中的内容进行遍历或搜索，这是由于那些具体内容都被放到"内部网页"中去了。

范例解析——古代四大才艺

［学习目标］熟练掌握框架的应用。

［素材位置］素材\古代四大才艺\原始。

［效果位置］素材\古代四大才艺\效果。

根据要求创建框架网页，在浏览器中的显示效果如图 2-213 所示。

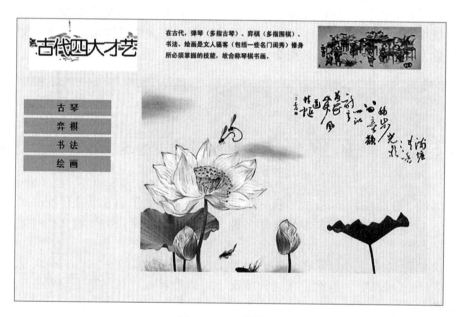

图 2-213　效果图

［操作步骤］

（1）新建一个网页，然后选择"插入"｜"HTML"｜"框架"｜"上方及左侧嵌套"命令。如果在"首选参数"对话框的"辅助功能"分类中选择了"框架"选项，此时将弹出"框架标签辅助功能"对话框，在"框架"下拉列表中每选择一个框架，就可以在其下面的"标题"文本框中为其制定一个标题名称，如图 2-214 所示。这里保持默认设置，然后单击"确认"按钮。

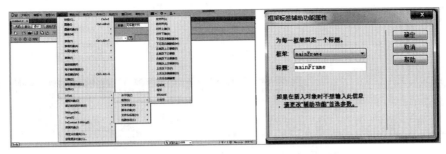

图 2-214 "框架标签辅助功能属性"对话框

（2）如果在"首选参数"|"辅助功能"分类中没有选择"框架"复选项，将直接创建如图 2-215 所示的框架网页。

（3）选择"窗口"|"框架"命令，可查看所命令的框架关系图，如图 2-216 所示。

图 2-215 创建框架网页

图 2-216 框架面板

（4）在框架"面板"中用鼠标左键单击最外层框架集边框将其选中，然后选择"文件"|"保存框架页"命令，将框架集文件保存为"2-5.htm"。

（5）将鼠标光标移至顶部框架内，选择"文件"|"在框架中打开"命令，打开文档"top.htm"，然后依次在左侧和右侧的框架内打开文档"left.htm"和"main.htm"。

（6）选中第一层框架集，在属性面板中，将顶部框架高度设置为 96 像素，其他设置不变，如图 2-217 所示。

图 2-217 设置第一层框架集属性

（7）选中第二层框架集，在"属性"面板中，将左侧框架列宽设置为"200 像素"，其他设置不变，如图 2-218 所示。

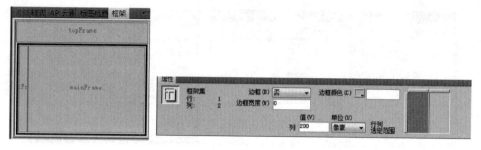

图 2 - 218　设置第二层框架集属性

（8）选中顶部框架，然后在"属性"面板中设置边框为"是"，其他保持默认设置，如图 2 - 219 所示。

图 2 - 219　设置顶部框架属性

（9）选中左侧框架，然后在"属性"面板中设置边框为"否"，其他保持默认设置，如图 2 - 220 所示。

图 2 - 220　设置左侧框架属性

（10）选中右侧框架，然后在"属性"面板中设置边框为"否"，其他保持默认设置，如图 2 - 221 所示。

图 2 - 221　设置右侧框架属性

（11）选中左侧窗口中的文本"古琴"，然后在"属性"面板中为其添加链接文

件 "guqin.htm"，并在 "目标" 下拉列表中选择 "mainFrame" 选项，如图 2－222
所示。

图 2－222　设置超级链接

（12）利用同样的方法依次给文本 "弈棋" "书法" "绘画" 创建超级链接，分别指向
文件 "yiqi.htm" "shufa.htm" "huihua.htm"，目标窗口均为 "mainFrame"。

（13）选择 "文件" | "保存全部" 命令，保存文件。

综合案例——创建完整的框架网页实例

［学习目标］熟练掌握框架的应用。

［素材位置］素材＼玲珑小镇＼原始。

［效果位置］素材＼玲珑小镇＼效果。

根据要求创建框架网页，在浏览器中的显示效果如图 2－223 所示。

图 2－223　效果图

［操作步骤］

（1）选择 "文件" | "新建" 命令，弹出 "新建文档" 对话框，在对话框中选择 "示
例中的页" 选项卡，在 "示例文件夹" 中选择 "框架页"，在 "示例页" 中选择 "左侧固
定"，如图 2－224 所示。

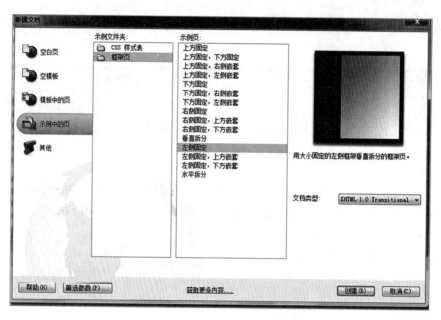

图 2-224　"新建文档"对话框

（2）单击"确定"按钮，创建左侧固定的框架，如图 2-225 所示。

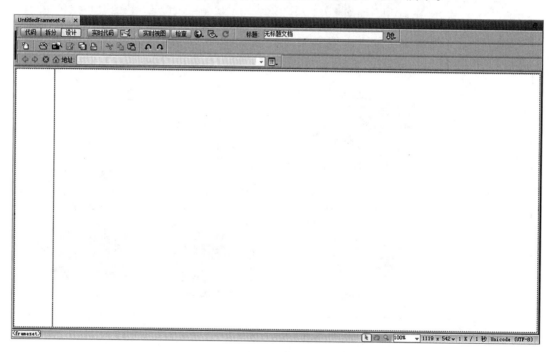

图 2-225　创建左侧固定的框架

（3）选择"文件"|"框架集另存为"命令，弹出"另存为"对话框，在对话框中的"文件名"中输入名称"index1"，如图 2-226 所示。

图 2 - 226 为框架集命名

（4）单击"保存"按钮，保存框架集，将光标置于左侧的框架中，选择"文件"|"保存框架"命令，弹出"另存为"对话框，在对话框中的"文件名"中输入"left"，如图 2 - 227 所示。

图 2 - 227 为左侧框架命名

（5）单击"保存"按钮，保存左侧的框架，将光标置于右侧的框架中，选择"文件"|"保存框架"命令，弹出"另存为"对话框，在对话框中的"文件名"中输入"right"，如图 2 - 228 所示。

图2-228　为右侧框架命名

（6）单击"保存"按钮，将整个框架保存完毕。

（7）将光标置于左侧框架中，选择"修改"|"页面属性"命令，弹出"页面属性"对话框，在对话框中将"左边距""上边距""右边距""下边距"设置为0，如图2-229所示。

（8）单击"确定"按钮，设置左侧框架页面属性，将光标置于页面中，选择"插入"|"表格"命令，弹出"表格"对话框，如图2-230所示。

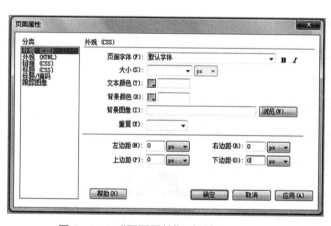

图2-229　"页面属性"对话框

图2-230　"表格"对话框

（9）单击"确定"按钮，插入表格，如图2-231所示。

（10）将光标置于表格中，选择"插入"|"图像"命令，弹出"选择图像源文件"对话框，在对话框中选择图像"1sft.jpg"，如图2-232所示。

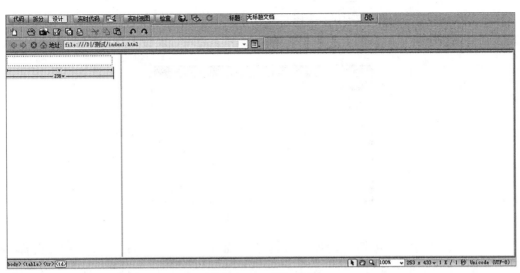

图 2 - 231　插入表格

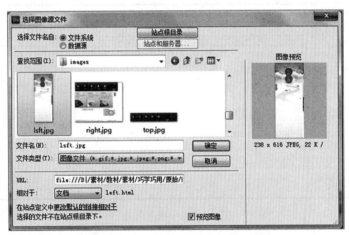

图 2 - 232　"选择图像源文件"对话框

（11）单击"确定"按钮，插入图像，如图 2 - 233 所示。

图 2 - 233　插入图像

（12）将光标置于右侧框架中，选择"修改"|"页面属性"命令，弹出"页面属性"对话框，在对话框中将"左边距""上边距""右边距""下边距"设置为0，如图2-234所示。

图2-234　设置页面属性

（13）单击"确定"按钮，设置右侧框架页面属性，将光标置于页面中，选择"插入"|"表格"命令，插入3行1列的表格，将"表格宽度"设置为772像素，如图2-235所示。

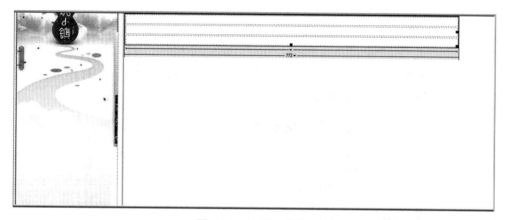

图2-235　插入表格

（14）将光标置于表格的第1行单元格中，选择"插入"|"图像"命令，弹出"选择图像源文件"对话框，在对话框中选择图像top.jpg，如图2-236所示。

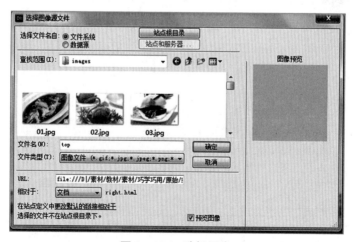

图2-236　选择图像

（15）单击"确定"按钮，插入图像，如图 2-237 所示。

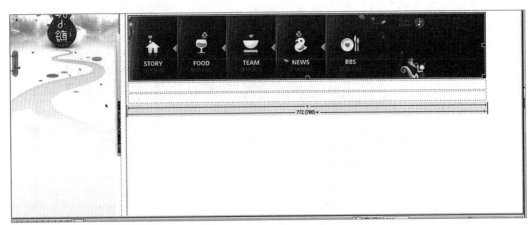

图 2-237　插入图像

（16）将光标置于表格的第 2 行单元格中，插入图像 top2.jpg，如图 2-238 所示。

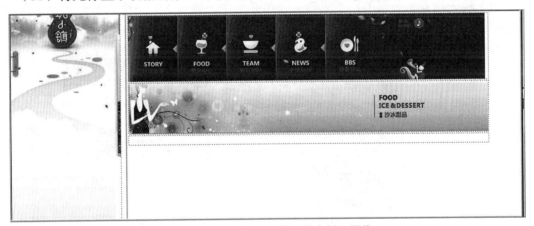

图 2-238　在第 2 行单元格中插入图像

（17）将光标置于表格的第 3 行单元格中，选择"插入"|"表格"命令，插入 3 行 3 列的表格，将"表格宽度"设置为 100%，如图 2-239 所示。

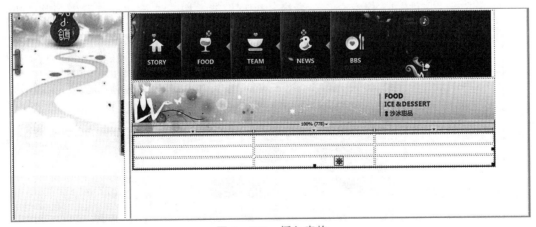

图 2-239　插入表格

（18）将光标置于表格的第1行第1列单元格中，选择"插入"|"图像"命令，在弹出的"选择图像源文件"对话框中选择图像01.jpg，单击"确定"按钮，插入图像，如图2-240所示。

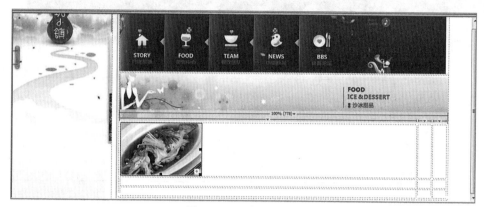

图2-240　插入图像

（19）将光标置于表格的第2行第1列单元格中，输入文字，将"大小"设置为12，将"颜色"设置为#630，如图2-241所示。

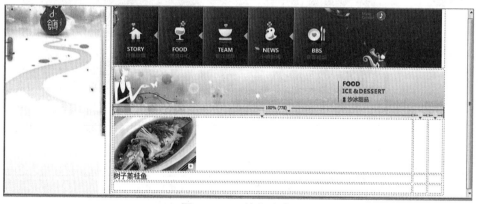

图2-241　输入文字

（20）同理，在其他的单元格中插入图像，并输入相应的文字，如图2-242所示。

（21）选择"文件"|"保存全部"命令，保存框架，按F12键在浏览器中预览效果。

图2-242　输入其他内容

课后习题

1. 制作"房产信息"网页

根据提示插入图像，最终效果如图 2 - 243 所示。

图 2 - 243 效果图

［操作提示］

（1）使用"新建"命令创建框架网页。

（2）使用"保存全部"进行框架的全部保存。

（3）使用"表格"和"图像"制作完整的框架网页效果。

2. 创建框架网页

根据提示创建框架网页。

［操作提示］

（1）创建一个"上方及右侧嵌套"的框架网页。

（2）对创建的框架网页进行保存，名称依次为"lianxi.htm""top.htm""right.htm""main.htm"。

（3）将右侧框架列宽设置为"150 像素"，将顶部框架行高设置为"90 像素"。

（4）根据自己的爱好，在框架页中输入相应的内容。

（5）在右侧框架"rightFrame"中设置超级链接，使其能够在左侧框架"mainFrame"中显示目标页。

2.9 CSS 样式

 学习目标

- 了解 CSS 的基本概念和基本类型。
- 熟悉 CSS 样式的基本属性和基本语法。
- 掌握创建 CSS 样式的方法。
- 掌握应用 CSS 样式的方法。

层叠样式表（Cascading Style Sheets，CSS），简称样式表，是一系列格式规则，使用 CSS 样式可以更好地控制网页外观，从精确的布局到特定的字体和样式。

CSS 最主要的目的是使页面格式设置与页面内容分开，可以单独设置样式，然后应用到页面中，以提高网页设计和管理维护的效率。

2.9.1 CSS 的基本概念

所谓样式就是层叠样式表，用来控制一个文档中的某一文本区域外观的一组格式属性。使用 CSS 能够简化网页代码，加快下载显示速度，也减少了需要上传的代码数量，大大减少了重复劳动的工作量。样式表是对 HTML 语法的一次重大革新。如今网页的排版格式越来越复杂，很多效果需要通过 CSS 来实现，Adobe Dreamweaver 在 CSS 功能设计上做了很大的改进。同 HTML 相比，CSS 样式表的好处除了在于它可以同时链接多个文档之外，当 CSS 样式更新或修改后，所有应用了该样式表的文档都会被自动更新。

CSS 样式表的功能一般可以归纳为以下几点：

（1）可以更加灵活地控制网页中文字的字体、颜色、大小、间距、风格及位置。

（2）可以灵活地设置一段文本的行高、缩进，并可以为其加入三维效果的边框。

（3）可以方便地为网页中的任何元素设置不同的背景颜色和背景图像。

（4）可以精确地控制网页中各元素的位置。

（5）可以为网页中的元素设置阴影、模糊、透明等效果。

（6）可以与脚本语言结合，从而产生各种动态效果。

（7）使用 CSS 格式的网页，打开速度非常快。

2.9.2 CSS 的基本语法

在建立样式表之前，必须了解一些 HTML 的基础知识。HTML 语言由标志和属性构成，CSS 也是如此。

样式表基本语法：

HTML 标志 { 标志属性：属性值；标志属性：属性值；标志属性：属性值；……}

现在先阐述一下在 HTML 页面内直接引用样式表的方法。这个方法必须把样式表信息包括在 <style> 和 </style> 标记中，为了使样式表在整个页面中产生作用，应把该组标记及其内容放到 <head> 和 </head> 中去。

如把 HTML 页面中所有 H1 标题字显示为蓝色，其代码如下：

```
<html>
<head>
<title>This is a Css samples</title>
<style type="text/css">
<!--
H1 {color: blue}
-->
</style>
</head>
<body>
…页面内容…
</body>
</html>
```

提示：<style> 标记中包括了 type ="text/css"，这是让浏览器知道是使用 CSS 样式规则。加入 <!-- 和 --> 这一对注释标记是防止有些老式的浏览器不认识样式表规则，可以把该段代码忽略不计。

在使用样式表过程中，经常会有几个标志用到同一个属性，如规定 HTML 页面中凡是粗体字、斜体字、1 号标题字显示为红色，按照上面介绍的方法应书写为：

```
B{ color: red }
I{ color: red }
Hl{ color: red }
```

显然，这样书写十分麻烦，引进分组的概念会使其变得简洁明了，可以写成：

```
B，I，H{ color：red }
```

用逗号分隔各个 HTML 标志，把 3 行代码合并成一行。

此外，同一个 HTML 标志，可能定义到多种属性，如规定把从 H1 到 H6 各级标题定义 2 为红色黑体字，带下划线，则应写为：

```
H1，H2，H3，H4，H5，H6
{
color: red;
text-decoration: underline;
font-family: "黑体"
}
```

2.9.3　新建 CSS 样式

新建 CSS 样式的方法如下：

（1）新建一个 HTML 文件。

（2）单击 CSS 样式面板中的"新建 CSS 规则"按钮，打开如图 2 - 244 所示的"新建 CSS 规则"对话框。

"新建 CSS 规则"对话框中各选项的含义如下：

● 选择器类型：从列表中选择新建 CSS 样式的类型，有类、ID、标签和高级 4 个选项。

● 规则定义：有两个选项，"新建样式表文件"和"仅限该文档"。"新建样式表文件"可以定义一个外部 CSS 样式表。

为了使网站整体风格一致，通常创建外部的 CSS 样式表，供站点中的页面使用。"仅限该文档"可以创建一个当前文档的内部 CSS 样式，这个样式表保存在当前文档中。

图 2－244　"新建 CSS 规则"对话框

2.9.4　"CSS 样式"面板

"CSS 样式"面板提供了对样式表的设置和管理的全部功能，打开文档后，选择"窗口"|"CSS 样式"命令，或按 Shift＋F11 组合键，均可打开"CSS 样式"面板。未定义和使用样式时，"CSS 样式"面板不显示任何样式内容，如图 2－245 所示；定义了样式后，"CSS 样式"面板显示已有的样式和使用中的样式信息，如图 2－246 所示。

图 2－245　未定义样式时的样式面板

图 2－246　定义和使用了样式时的样式面板

要能够熟练地利用 CSS 样式面板进行样式管理，首先应熟悉"CSS 样式"面板的各个构成要素，如图 2 - 247 所示，其中各要素说明如下：

图 2 - 247 "CSS 样式"面板

● 类别视图：在 CSS 样式面板的属性栏中，将属性划分为 8 个类别——字体、背景、区块、边框、方框列表定位和扩展。每个类别的属性都包含在一个列表中，可以单击类别。

● 设置属性视图：在 CSS 样式面板的属性栏中，仅显示已设置的属性。
● 列表视图：在 CSS 样式面板的属性栏中，按字母顺序显示 CSS 属性。
● 附加样式：单击该按钮可以应用已有的 CSS 样式到当前文本。
● 新建 CSS 样式：单击该按钮可以新建一个 CSS 样式。
● 编辑样式：单击该按钮可以编辑当前的 CSS 样式。
● 删除 CSS 样式：单击该按钮可以删除当前 CSS 样式。

CSS 样式面板中还有一个"正在"按钮，单击该按钮可显示当前所选元素使用的 CSS 样式。

2.9.5 编辑 CSS 样式

建立或链接 CSS 样式后，可以对目标样式进行修改和删除等操作。要修改已经创建的 CSS 样式，可以执行以下操作：

（1）这里选择前面创建的 text 样式为例，单击 CSS 样式面板中需要修改的样式，单击"编辑样式"按钮，打开"CSS 规则定义"对话框，如图 2 - 248 所示。

（2）在"CSS 规则定义"对话框中编辑该标签或类的样式，单击"确定"按钮，完成编辑修改。

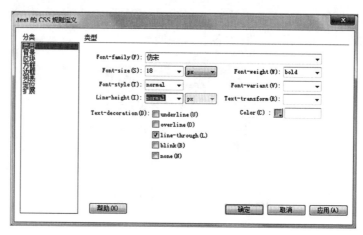

图 2-248 "CSS 规则定义"对话框

如果要在原有样式的基础上建立一个新样式，可以使用复制 CSS 样式功能。复制 CSS 样式的方法如下：

（1）将鼠标指针移到目标样式上，右击，在弹出如图 2-249 所示的菜单中选择"复制"命令，打开"复制 CSS 规则"对话框。

（2）单击如图 2-250 所示的"复制 CSS 规则"对话框中的"确定"按钮，即可将这个样式复制到样式表中。

图 2-249 选择"复制"命令

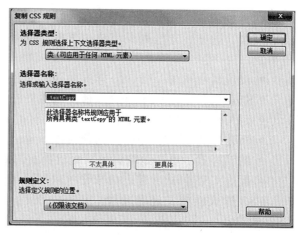

图 2-250 "复制 CSS 规则"对话框

（3）使用前面讲解的编辑 CSS 样式的方法，对复制的样式进行编辑。

新建 CSS 样式后，可以直接在 CSS 样式面板中对当前样式进行编辑调整，方法如下：

（1）选择 CSS 样式面板中的目标样式，CSS 样式面板的属性栏中显示了当前样式已设置的属性。

（2）如图 2-251 所示，单击右侧的属性值，该属性变为可设状态。输入新的属性值即可修改已设属性值。

（3）单击图 2 - 251 中的"添加属性"选项，便出现如图 2 - 252 所示的添加属性栏。

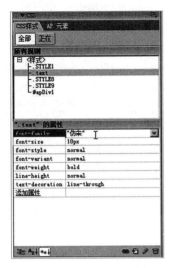

图 2 - 251　输入新的属性值　　　　　　图 2 - 252　添加属性栏

（4）如图 2 - 253 所示，单击添加属性栏左侧的下拉按钮，在弹出的菜单中选择目标属性。

（5）选择属性后，在新添加属性的右侧选择属性值，如图 2 - 254 所示。

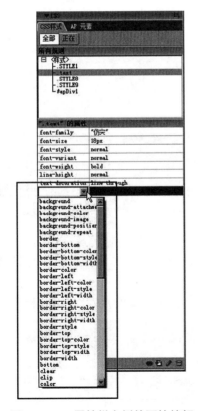

图 2 - 253　属性栏左侧的下拉按钮　　　　図 2 - 254　选择属性值

提示：如果对相关属性不熟悉，可以单击 CSS 样式面板的"显示类别视图"按钮，在属性栏中会分类显示当前样式的所有可设属性，然后单击目标属性设置即可。

使用 CSS 样式面板中的"正在"标签栏编辑当前文档样式：

（1）单击 CSS 样式面板中的"正在"按钮，切换到当前选择模式。在该模式下，视图中的光标所处位置的文档内容（或选择内容）所使用的 CSS 样式显示在 CSS 样式面板中的"正在"标签下。

（2）单击"编辑"窗口中的目标文档，在 CSS 样式面板中显示了该文档使用的 CSS 样式规则。

（3）在 CSS 样式面板的属性栏中直接修改当前文档所应用的 CSS 样式规则。使用这种方法可以随时根据需要调整当前文档内容的样式，可以更直观地调整网页中目标元素的样式。

如果想删除不需要的样式，可以执行以下操作：

（1）单击 CSS 样式面板中的目标样式。

（2）单击 CSS 样式面板中的"删除 CSS 规则"按钮。

重命名 CSS 样式名称的操作如下：

（1）将鼠标指针移动到需要重命名的类样式上，右击弹出的菜单如图 2-255 所示。

（2）在弹出的菜单中选择"重命名类"命令，打开如图 2-256 所示的"重命名类"对话框。

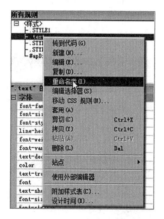

图 2-255 "重命名"菜单

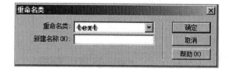

图 2-256 "重命名类"对话框

（3）在"重命名类"对话框中输入新名称，单击"确定"按钮完成重命名。

提示：只能对 CSS 样式中的新建类进行重命名，而不能对重定义的标签或 HTML 自带的标签进行重命名。

在 HTML 文档中内建了一个 CSS 样式后，为了可以反复使用这个 CSS 样式，可以执行导出 CSS 样式的操作，方法如下：

（1）单击 CSS 样式面板的菜单按钮，打开如图 2-257 所示的菜单。在该菜单中选择"移动 CSS 规则"命令，打开"移至外部样式表"对话框。

（2）在如图 2-258 所示的"移至外部样式表"对话框中，选中"新样式表"单选按钮，单击"确定"按钮，打开"保存样式表文件为"对话框。

图 2-257 选择"移动 CSS 规则"命令 　　　图 2-258 "移至外部样式表"对话框

（3）在如图 2-259 所示的"保存样式表文件"对话框中，设置导出文件的存放路径和名称，单击"保存"按钮，完成 CSS 样式的导出。

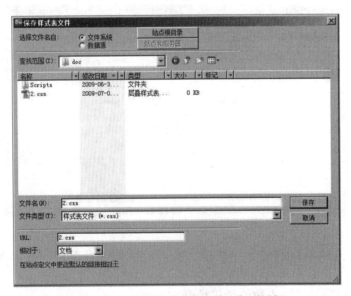

图 2-259 "保存样式表文件为"对话框

提示：如果在（2）步中选中"样式表"单选按钮，然后单击"浏览"按钮，可以将当前网页中的样式添加到所选样式表中。

2.9.6　使用类自定义规则

类选项可以设计新的 CSS 样式，可以定义该项的名称及样式的组合。

（1）新建 HTML 文件。

（2）单击 CSS 样式面板中的"新建 CSS 规则"按钮，弹出如图 2-260 所示的"新建 CSS 规则"对话框。在选择器类型选项区域中选中"类"，在名称栏中输入"text"，选择"定义在"选项下的"仅限该文档"。

图 2 – 260 "新建 CSS 规则"对话框

（3）单击"确定"按钮，打开如图 2 – 261 所示的".text 的 CSS 规则定义"窗口。首选项为"类型"选项，在类型选项区域中可定义文本的字体、大小等选项：

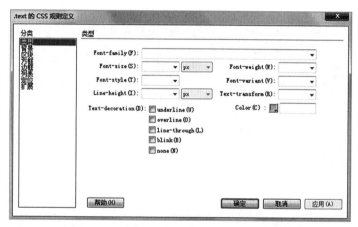

图 2 – 261 ".text 的 CSS 规则定义"窗口

● 字体：单击该项右侧的下拉按钮，会弹出字体选择菜单，可在菜单中选择所需选项。

● 大小：选择字号或输入数值精确控制字的大小。

● 样式：有正常、偏斜体、斜体。偏斜体比斜体倾斜的角度略小。

● 行高：可输入数值，控制两行文本之间的距离。单位按磅、像素、英寸、厘米、百分比。

● 修饰：常用的设置有带下划线文字、带上划线文字、带删除线文字。

● 粗细：可设置文字为正常、粗、细。

● 大小写：设置英文单词字母大写、全部大写或全部小写。

● 颜色：设置文本的字体、大小、颜色，使用方法与文本属性面板基本相同。

（4）如图 2 – 262 所示，单击分类栏中的"背景"选项。

背景栏中各选项的含义如下：

● 背景颜色：设置网页或网页元素（如表格）的背景颜色，单击该项颜色块可以打开颜色样本面板，从中可以选择所需颜色。

● 背景图像：设置网页或网页元素（如表格）的背景图案。单击"浏览"按钮可以打开如图 2-263 所示的"选择图像源文件"对话框，通过该对话框可以查找和选择目标背景图像。

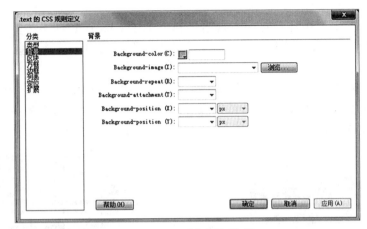

图 2-262　"背景"选项

图 2-263　"选择图像源文件"对话框

● 重复：设置图像不足以填充网页或网页元素时是否重复填充以及如何重复填充。"重复"为默认值，图像由左向右由上向下重复填充。横向重复、纵向重复分别指在水平或垂直方向上重复图像。

● 附件：指定背景图像是存在于固定位置，还是随内容一起滚动。

● 水平位置、垂直位置：指定背景图像的位置。

"CSS 样式定义"对话框分类栏中的其他选项，这里就不一一介绍了，它们都与特定的设置直接相关，如区块可以设置字符与字符间的距离，边框可以设置表格边框等。设置时只需单击分类栏中的相应选项，在对话框的右侧就会列出该项的细节设置项。

（5）设置完成后，单击".text 的 CSS 规则定义"对话框的"确定"按钮，关闭该对话框。新建的样式名称".text"就会显示在 CSS 样式面板中，如图 2 – 264 所示。

提示：因为在第（2）步中选中了"仅对该文档"单选按钮，所以新建的名为
".text"的 CSS 样式会直接加载到当前的 HTML 文件中。若选用新建样式表文件，会弹
出"保存样式表文件为"对话框，将新建的 CSS 样式以独立的文件形式保存，之后的操
作就与选择"仅限该文档"的操作一致。

（6）在设计视图中选择目标文本或者表格，单击 CSS 样式面板中的".text"，单击
右上角的菜单按钮，打开如图 2 – 265 所示的菜单。在该菜单中选择"套用"命令，将新
建样式应用到目标对象。

提示：新建的类样式，在属性面板的样式栏菜单中也会显示出来，可以通过属性面
板的样式菜单设置当前元素的样式。因为对象的不同，属性面板中显示的属性也不同。
如果是文本类型的元素，那么就是样式栏，如果是图像或其他 DVI 元素就是类栏。

图 2 – 264　样式名称 .text 显示在 CSS 样式面板　　　　图 2 – 265　选择"套用"命令

范例解析——巴西世界杯

［学习目标］熟练掌握 CSS 样式。

［素材位置］素材 \ 巴西世界杯 \ 原始。

［效果位置］素材 \ 巴西世界杯 \ 效果。

根据要求使用 CSS 样式控制网页外观，效果如图 2 – 266 所示。

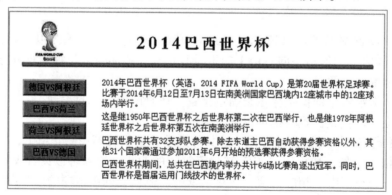

图 2 – 266　效果图

［操作步骤］

（1）创建 ID 名称：CSS 样式"#mytable"来设置表格的边框样式。

1）在"属性"面板中将表格的 ID 名称设置为"mytable"。

2）在" CSS 规则定义"对话框的"边框"分类中设置样式全部为" solid（实线）"，宽度全部为"2px"，边框颜色全部为"#CCC"。

（2）创建类 CSS 样式".navigate"来设置表格第 2 行左侧单元格内的文本样式。

1）在" CSS 规则定义"对话框的"类型"分类中设置字体为"宋体"，大小为"16px"，粗细为"bold（粗体）"，行高为"25px"。

2）在"背景"分类中设置背景颜色为"#999"。

3）在"方框"分类中设置宽度和高度分别为"120px"和"25px"，上边界和下边界均为"10px"，左边界和右边界均为"20px"。

4）在"边框"分类中设置样式全部为" solid（实线）"，宽度全部为"3px"，上边框和右边框颜色均为"#CCC"，下边框和右边框颜色均为"#666"。

5）选中左侧单元格内的所有段落文本，在"属性（HTML）"面板的"类"下拉列表中选择"navigate"。

（3）创建类 CSS 样式".mytext"来设置表格第 2 行右侧单元格文本样式。

1）在" CSS 规则定义"对话框的"类型"分类中设置字体为"宋体"，大小为"16px"，粗细为"normal（正常）"，行高为"20px"。

2）在"方框"分类中设置上边界与下边界均为"5px"。

3）选中右侧单元格内的所有段落文本，在"属性"面板的"类"下拉列表中选择"mytext"。

（4）保存文件。

2.9.7　使用"复合内容"选项定义链接效果

"复合内容"选项可以定义指定分区（即 DIV）和组合标签的属性。通过在标签前添加 ID 标识，可以区分不同分区或组合中的同类标签，保证定义的样式具有唯一性。

复合内容样式是一种特殊类型的样式，常用的有 4 种，主要用来编辑链接文本的效果，如鼠标没有单击过和链接的状态、已单击过和链接的状态等。

a:link：新打开网页时，链接所呈现的状态。具体创建 a:link 的步骤如下：

（1）新建一个 HTML 文件并保存。

（2）输入一段文字，如图 2 - 267 所示。

（3）框选一段文字，拖动属性面板中的"指向文件"图标到链接页上，建立一个链接。

（4）单击 CSS 样式面板中的"新建 CSS 规则"按钮，打开"新建 CSS 样式"对话框，在"选择器类型"中选择"复合"单选按钮。

（5）单击"选择器"右侧的下拉按钮，弹出如图 2 - 268 所示的对话框，选择 a:link。

提示：CSS 样式选择器列出了常用的 4 种链接样式，即 a:link、a:hover、a:visited、a:active。可以选择目标样式进行定义，也可以直接在选择器中输入所需的名称，如输入"a:link"。

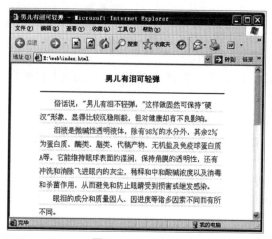

图 2 - 267　文字

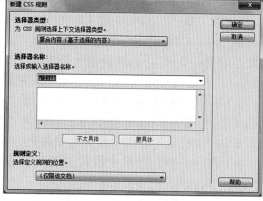

图 2 - 268　"新建 CSS 规则"对话框

（6）单击"确定"按钮，打开如图 2 - 269 所示的对话框。分别定义文本的大小为 16 像素；颜色为 #000034；修饰无。

（7）单击"确定"按钮，关闭" CSS 规则定义"对话框。设计视图中的链接文字自动变为所定义的样式。

（8）使用同样的方法，定义 a:visited、a:hover 和 a:active。

（9）保存网页，然后按 Fl2 键开始预览网页，将鼠标指针移向链接，单击链接，观察链接的变化。

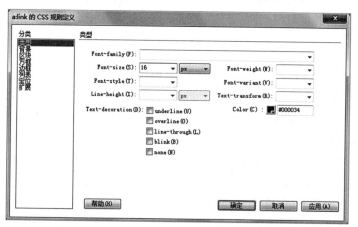

图 2 - 269　"a:link 的 CSS 规则定义"对话框

提示：可以使用类似的方法定义特定 DIV 区域中的标签属性。

例如，建立一个网页布局。页眉的 DIV 区域的 ID 为 head。那么当要定义该区域中段落格式 P 的属性时，可以在选择器栏中输入" # head p"。其中 # head 表示这个格式是针对 ID 为 head 的 DIV 区域的格式，这个格式是段落标签 P。然后再按前面所述逐步设置各项属性。

2.9.8　使用标签定义样式

在" CSS 样式"面板中单击"新建 CSS 规则"按钮，弹出如图 2 - 270 所示的"新建 CSS 规则"对话框。选择器是标识已设置格式元素的术语（如 p、h1、类名称或 ID），在"选择器类型"选项中选择"标签"，可以对某一具体标签进行重新定义，这种方式是针对 HTML 中的代码设置的，其作用是当创建或修改某个标签的 CSS 后，所有用到该标签进行格式化的文本都将被立即更新。

若要重新定义特定 HTML 标签的默认格式，在"选择器类型"选项组中选择"标签"选项，然后在"标签"文本框中输入一个 HTML 标签，或从下拉列表中选择一个标签，如图 2-271 所示。

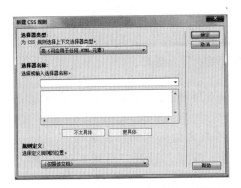

图 2-270 "新建 CSS 规则"对话框

图 2-271 "body"标签

提示：对于不熟悉网页中标签使用的初学者，可以先打开"新建 CSS 规则"对话框，在该对话框中设置选择器类型为"标签"，然后单击"取消"按钮关闭该窗口，再在编辑界面中选择目标文本，再打开"新建 CSS 规则"窗口，此时在标签栏中就会自动显示选中文本的标签。

2.9.9 链接外部 CSS 样式

这里学习创建 CSS 外部样式的方法，以及建立其他文档与外部样式链接的方法。创建外部 CSS 样式的方法如下：

（1）新建一个 HTML 文件。

（2）单击 CSS 样式面板中的"新建 CSS 规则"按钮，打开"新建 CSS 规则"对话框，按图 2-272 所示设置。

（3）单击"确定"按钮，打开"将样式表文件另存为"对话框，如图 2-273

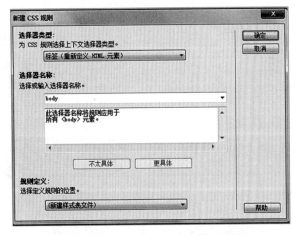

图 2-272 "新建 CSS 规则"对话框

所示。在该对话框的文件名栏中输入"1"，选择保存该文件的路径，单击"保存"按钮。

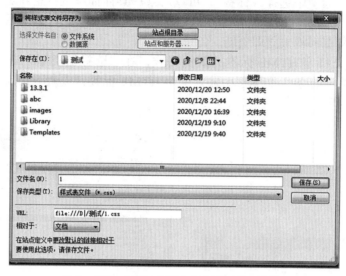

图 2 - 273 "将样式表文件另存为"对话框

（4）打开"CSS 规则定义"对话框，如图 2 - 274 所示。在对话框中重新定义标签 body，单击"确定"按钮，完成定义。

提示：标签 body 代表页面属性，通过定义此项来定义页面的相关属性。

（5）单击 CSS 样式面板中的"新建 CSS 规则"按钮，打开"新建 CSS 规则"对话框，如图 2 - 275 所示。

提示："定义在"栏中显示了文件 1.css 样式表文件，即本例中第（3）步中保存的样式表文件。表示新定义的标签也保存在这个文件中。

（6）在"新建 CSS 规则"对话框中选择标签 p，单击"确定"按钮，进入"CSS 规则定义"对话框。

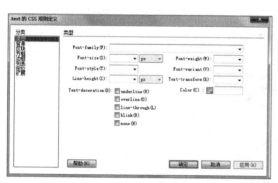

图 2 - 274 "CSS 规则定义"对话框

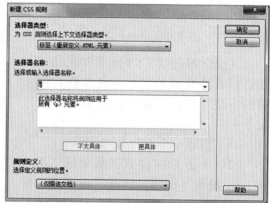

图 2 - 275 "新建 CSS 规则"对话框

（7）在"CSS 规则定义"对话框中定义该标签。

（8）用同样的方法定义其他类、标签和高级的 CSS 样式。全部定义完成后，在 CSS 样式面板中显示了所有定义的样式。

（9）创建外部 CSS 样式后，在编辑界面中会出现新建的样式文件，单击文件标题可切换至 CSS 样式文件编辑界面。选择"文件"|"保存"命令，保存新建 CSS 样式，完成外部 CSS 样式的建立。

提示：此处一定要执行保存命令保存新建的外部 CSS 样式，才能将新添加的如标题 1（h1）等样式保存到文件中。在第（4）步中建立的 CSS 文件名称只是一个文件载体，表示之后新建的样式会放入这个文件，如果没有执行保存，那么这些新建的 CSS 样式，将会随着 Dreamweaver 的关闭而丢失。

继续上面的操作，再打开一个文档，链接前面所创建的外部 CSS 样式，具体操作方法如下：

（1）新建一个 HTML 文档，输入相关文字内容。

（2）在 CSS 样式面板中单击"附加样式表"按钮，打开"链接外部样式表"对话框。

（3）在"添加为"选项区域中选中"链接"单选按钮，然后单击"文件/URL"右侧的"浏览"按钮，打开"选择样式表文件"对话框。

在"添加为"选项区域中有链接和导入两个选项，其中"链接"是指网站网页中的 CSS 样式与这个准备链接的外部 CSS 样式是链接关系，当这个外部的 CSS 样式改变时，网页中的样式也会随着改变；"导入"则是将这个 CSS 样式替换为当前网页中的样式，当这个外部 CSS 样式改变时网页中样式不会随着改变。

（4）在打开的"选择样式表文件"对话框中选择样式表文件。本例选择前面建立的 1 样式表文件，单击"确定"按钮，回到"链接外部样式表"对话框。

（5）如图 2－276 所示，"链接外部样式表"对话框中显示了链接的目标样式文件，单击"确定"按钮，将样式表链接到当前文档。

图 2－276 "链接外部样式表"对话框

综合案例——心灵寄语

［学习目标］熟练掌握使用 CSS 设置网页外观的方法。

［素材位置］素材 \ 心灵寄语 \ 原始。

［效果位置］素材 \ 心灵寄语 \ 效果。

根据要求使用 CSS 设置网页外观，在浏览器中的显示效果如图 2－277 所示。

这是使用 CSS 样式控制网页外观的一个例子，通过"CSS 样式"面板创建标签 CSS 样式"body"来设置网页文本默认的字体和大小，创建 ID 名称 CSS 样式"#navigate"来设置页眉导航表格的背景图像，创建复合内容的 CSS 样式"#navigate tr td a:link，#navigate tr td a:visited"和"#navigate tr td a:hover"来设置页眉导航链接文本的样式，创建复合内容的 CSS 样式"#main tr td p"来设置表格内文本的行距和段前段后距离，创建类 CSS 样式"类 .bg"来设置页脚单元格的背景图像。

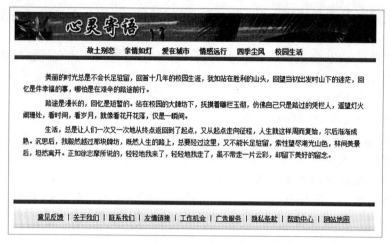

图 2－277　效果图

[操作步骤]

（1）打开素材"6-4.htm"，在"CSS 样式"面板中单击 🔲 按钮，打开"新建 CSS 规则"对话框，重新定义标签"body"的 CSS 样式，参数设置如图 2－278 所示。

（2）在"CSS 样式"面板中单击 🔲 按钮，打开"新建 CSS 规则"对话框，创建 ID 名称 CSS 样式"#navigate"，参数设置如图 2－279 所示。

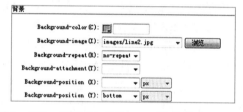

图 2－278　定义标签"body"的 CSS 样式　　图 2－279　创建 ID 名称 CSS 样式"#navigate"

（3）在"CSS 样式"面板中单击 🔲 按钮，打开"新建 CSS 规则"对话框，创建复合内容的 CSS 样式"#navigate tr td a:link，# navigate tr td a:visited"来控制超级链接文本的链接样式和已访问样式，参数设置如图 2－280 所示。

（4）在"CSS 样式"面板中单击 🔲 按钮，打开"新建 CSS 规则"对话框，创建复合内容的 CSS 样式"#navigate tr td a:hover"来控制超级链接文本的鼠标悬停样式，参数设置如图 2－281 所示。

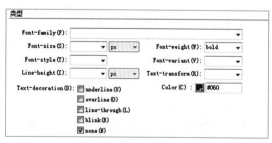

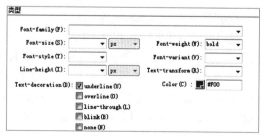

图 2－280　创建样式"#navigate tr td a:link，# 　图 2－281　创建样式"#navigate tr td a:hover"
navigate tr td a:visited"

（5）在"CSS 样式"面板中单击 按钮，打开"新建 CSS 规则"对话框，创建复合内容的 CSS 样式"#main tr td p"，参数设置如图 2 – 282 所示。

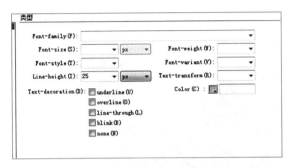

（a）"类型"设置

（b）"方框"设置

图 2 – 282　创建复合内容的 CSS 样式"#main tr td p"

（6）在"CSS 样式"面板中单击 按钮，打开"新建 CSS 规则"对话框，创建类 CSS 样式".bg"，设置如图 2 – 283 所示。

（7）选中页脚链接文本所在单元格，然后在"属性（HTML）"面板的类下拉列表中选择"bg"，如图 2 – 284 所示。

图 2 – 283　创建类 CSS 样式".bg"

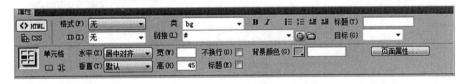

图 2 – 284　应用类样式

（8）保存文件。

课后习题

1. 制作"八大关"页面

根据提示要求设置 CSS 样式，最终效果如图 2 – 285 所示。

［操作提示］

（1）打开素材"6-2.htm"。

（2）使用"CSS 样式"设置标签"body"的 CSS 样式。

（3）使用"CSS样式"设置类".title"的CSS样式，并应用到"八大关"所在的单元格。

（4）选中文档中的表格，为表格设置ID"mytable"，并设置相应的样式。

（5）按F12保存并预览网页效果。

图2-285　效果图

2. 制作"Whirlpool"页面

根据提示要求设置CSS样式，最终效果如图2-286所示。

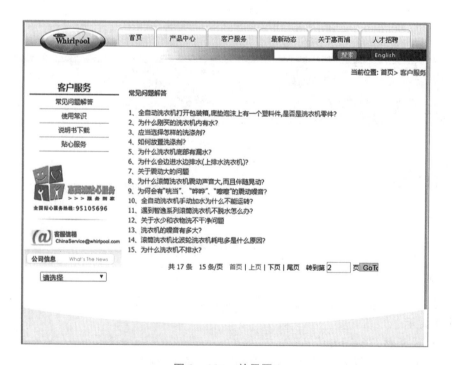

图2-286　效果图

［操作提示］

（1）打开素材"index_ori.htm"。

（2）使用"CSS 样式"进行文本样式的设置。

（3）按 F12 键保存并预览网页效果。

2.10 CSS+DIV 布局方法

 学习目标

● 了解 CSS+DIV 布局的理念。

● 认识 CSS 与 DIV 布局的优势。

● 掌握使用 CSS+DIV 布局网页的方法。

CSS+DIV 是网站标准中常用的术语之一，CSS 和 DIV 的结构被越来越多的人采用，很多人都抛弃了表格而使用 CSS 来布局页面，它的好处很多，可以使结构简洁，定位更灵活，CSS 布局的最终目的是搭建完善的页面架构。通常在 XHTMIL 网站设计标准中，不再使用表格定位技术，而是采用 CSS+DIV 的方式实现各种定位。

2.10.1 初识 DIV

在 CSS 布局的网页中，< div > 与 < span > 都是常用的标记，利用这两个标记，加上 CSS 对其样式的控制，可以很方便地实现网页的布局。

1. DIV 概述

过去最常用的网页布局工具是 < table > 标签，它本是用来创建电子数据表的，由于 < table > 标签本来不是要用于布局的，因此设计师们不得不经常以各种不寻常的方式来使用这个标签——如把一个表格放在另一个表格的单元里。这种方法的工作量很大，增加了大量额外的 HTML 代码，并使得后面要修改设计很难。

而 CSS 的出现使得网页布局有了新的曙光。利用 CSS 属性，可以精确地设定元素的位置，还能将定位的元素叠放在彼此之上。当使用 CSS 布局时，主要把它用在 DIV 标签上。

DIV 是用来为 HTML 文档内大块的内容提供结构和背景的元素。DIV 的起始标签和结束通过使用 CSS 来控制。标签之间的所有内容都是用来构成这个块的，其中所包含元素的特性由 < div > 标签的属性或通过 CSS 来控制的。

2. DIV 与 Span 的区别

DIV 标记早在 HTML 3.0 时代就已经出现，但那时并不常用，直到 CSS 的出现，才逐渐发挥出它的优势。而 Span 标记直到 HTML 4.0 时才被引入，它是专门针对样式表而设计的标记。

DIV 简单而言是一个区块容器标记，即 < div > 与 < /div > 之间相当于一个容器，可以容纳段落、标题、表格、图片，乃至章节、摘要和备注等各种 HTML 元素。因此，可以把 < div > 与 < /div > 中的内容视为一个独立的对象，用于 CSS 的控制。声明时只需要对 DIV 进行相应的控制，其中的各标记元素都会因此而改变。

Span 是行内元素，Span 的前后是不会换行的，它没有结构的意义，纯粹是应用样式。当其他行内元素都不合适时，可以使用 Span。

下面通过一个实例说明 DIV 和 Span 的区别，代码如下。

```
<!DOCTYPE htm1 PUBLIC "-//W3C//DTD XHTML 1、0 Transitional//EN"
"http://www.w3.org/TR/xhtml1/DTD/xhtml1-transitional.dtd">
<html xmlns="http://www.w3.org/1999/xhtml">
<head>
<meta http-equiv="Content-Type" content="text/html; charset=gb2312"/>
<title>Div 与 Span 的区别 </title>
<style type="text/css">
.t {
font-weight: bold;
font-size：16px;
}
.t {
font-size：14px;
font-weight: bold;
}
</style>
</head>
<body>
<p class="t">div 标记不同行：</p>
<div><img sre="tul.jpg" vspace="1" border="0"></div>
<div><img src="tu2.jpg" vspace="1" border="0"></div>
<div><img src="tu3.jpg" vspace="1" border="0"></div>
<p class="t">span 标记同一行：</p>
<span><img sre="tul.jpg" border="O"></span>
<span><img src="tu2.jpg" border="O"></span>
<span><img src="tu3.jpg" border="O"></span>
</body>
</html>
```

正是由于两个对象不同的显示模式，因此在实际使用过程中决定了两个对象的不同用途。DIV 对象是一个大的块状内容，如一大段文本、一个导航区域、一个页脚区域等显示为块状的内容。

而作为内联对象的 Span，用途是对行内元素进行结构编码以方便样式设计，例如在一大段文本中，需要改变其中一段文本的颜色，可以将这一小部分文本使用 Span 对象，并进行样式设计，这将不会改变这一整段文本的显示方式。

3. DIV 与 CSS 布局优势

掌握基于 CSS 的网页布局方式，是实现 Web 标准的基础。在主页制作时采用 CSS 技术，可以有效地对页面的布局、字体、颜色、背景和其他效果实现更加精确的控制。只要对相应的代码做一些简单的修改，就可以改变网页的外观和格式。采用 CSS 布局有以下优点：

（1）大大缩减页面代码，提高页面浏览速度，缩减带宽成本。

（2）结构清晰，容易被搜索引擎搜索到。

（3）缩短改版时间，只要简单地修改几个 CSS 文件就可以重新设计一个拥有成百上千页面的站点。

（4）强大的字体控制和排版能力。

（5）CSS 非常容易编写，可以像写 HTML 代码一样轻松编写 CSS。

（6）提高易用性，使用 CSS 可以结构化 HTML，如 < p > 标记只用来控制段落，< heading > 标记只用来控制标题，< table > 标记只用来表现格式化的数据等。

（7）表现和内容相分离，将设计部分分离出来放在一个独立样式文件中。

（8）更方便搜索引擎的搜索，用只包含结构化内容的 HTML 代替嵌套的标记，搜索引擎将更有效地搜索到内容。

（9）table 布局灵活性不大，只能遵循 table、tr、td 的格式，而 DIV 可以有各种格式。

（10）在 table 布局中，垃圾代码会很多，一些修饰的样式及布局的代码混合在一起，很不直观，而 DIV 更能体现样式和结构相分离，结构的重构性强。

（11）在几乎所有的浏览器上都可以使用。

（12）以前一些必须通过图片转换实现的功能，现在只要用 CSS 就可以轻松实现，从而更快地下载页面。

（13）使页面的字体变得更漂亮，更容易编排，使页面真正赏心悦目。

（14）可以轻松地控制页面的布局。

（15）可以将许多网页的风格格式同时更新，不用再一页一页地更新。可以将站点上所有的网页风格都使用一个 CSS 文件进行控制，只要修改这个 CSS 文件中相应的行，那么整个站点的所有页面都会随之发生变动。

2.10.2　CSS 定位

CSS 对元素的定位包括相对定位和绝对定位，同时，还可以把相对定位和绝对定位结合起来，形成混合定位。

1. 盒子模型的概念

如果想熟练掌握 DIV 和 CSS 的布局方法，首先要对盒子模型有足够的了解。盒子模型是 CSS 布局网页时非常重要的概念，只有很好地掌握了盒子模型以及其中每个元素的使用方法，才能真正布局网页中各个元素的位置。

所有页面中的元素都可以看作一个装了东西的盒子，盒子里面的内容到盒子的边框之间的距离即填充（padding），盒子本身有边框（border），而盒子边框外和其他盒子之间，还有边界（margin）。

一个盒子由 4 个独立部分组成：

最外面的是边界（margin）；

第二部分是边框（border），边框可以有不同的样式；

第三部分是填充（padding），填充用来定义内容区域与边框（border）之间的空白；

第四部分是内容区域。

填充、边框和边界都分为"上、右、下、左"4个方向，既可以分别定义，也可以统一定义。当使用CSS定义盒子的width和height时，定义的并不是内容区域、填充、边框和边界所占的总区域，实际上定义的是内容区域content的width和height。为了计算盒子所占的实际区域必须加上padding、border和margin，即：

实际宽度＝左边界＋左边框＋左填充＋内容宽度（width）＋右填充＋右边框＋右边界

实际高度＝上边界＋上边框＋上填充＋内容高度（height）＋下填充＋下边框＋下边界

2. float定位

float属性定义元素在哪个方向浮动。以往这个属性应用于图像，使文本围绕在图像周围，不过在CSS中，任何元素都可以浮动。浮动元素会生成一个块级框，而不论它本身是何种元素。float是相对定位的，会随着浏览器的大小和分辨率的变化而改变。float浮动属性是元素定位中非常重要的属性，常常通过对DIV元素应用float浮动来进行定位。

语法：

float:none|left|right|

说明：none是默认值，表示对象不浮动；left表示对象浮在左边；right表示对象浮在右边。

CSS允许任何元素浮动（float），不论是图像，段落还是列表。无论先前元素是什么状态，浮动后都成为块级元素。浮动元素的宽度默认为auto。

如果float取值为none或没有设置float时，不会发生任何浮动，块元素独占一行，紧随其后的块元素将在新行中显示，其代码如下所示，在浏览器中浏览如图2-287所示的网页时，可以看到由于没有设置DIV的float属性，因此每个DIV都单独占一行，两个DIV分两行显示。

```
<html xmlns-"http://www.w3.org/1999/xhtmin>
<head>
<meta http-equiv="Content-Type" content="text/html; charset=gb2312"/>
<title> 没有设置 float 时 </title>
<style type="text/css">
#content_a {width:250px; height:100px; border:3px solid #000000; margin:20px; background：#E90; }
#content_b { width:250px; height:100px; border:3px solid #000000; margin:20px;background：#6C6; }
</style>
</head>
<body>
<div id="content_a"> 这是第一个 DIV</div>
<div id="content b"> 这是第二个 DIV</div>
</body>
</html>
```

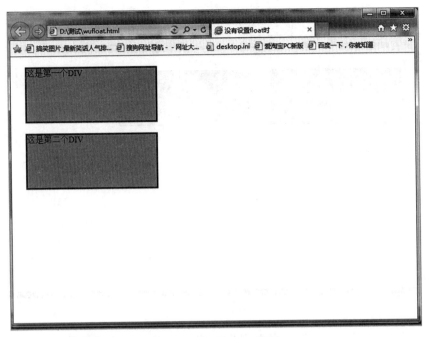

图 2 - 287　无 float 定位

下面修改一下代码，使用 float:left 对 content_a 应用向左的浮动，而 content_ b 不应用任何浮动，其代码如下。

```
<title> 设置 float 时 </title>
<style type="text/css">
#content_a {width:250px; height:100px; border:3px solid #000000; margin:20px; background:
#E90; float:left; }
    #content_b { width:250px; height:100px; border:3px solid #000000; margin:20px;background:
#6C6; }
</style>
</head>
<body>
<div id="content_a">这是第一个 DIV</div>
<div id="content b">这是第二个 DIV</div>
</body>
</html>
```

在浏览器中浏览效果如图 2 - 288 所示，可以看到对 content_ a 应用向左的浮动后，content_a 向左浮动，content_ b 在水平方向紧跟着它的后面，两个 DIV 占一行，在一行上并列显示。

3. position 定位

position 的原意为位置、状态、安置。在 CSS 布局中，position 属性非常重要，很多特殊容器的定位必须用 position 来完成。position 属性有 4 个值，分别是 static、absolute、fixed、relative。

图 2 - 288   有 float 定位

position 允许用户精确定义元素框出现的相对位置，可以相对于它通常出现的位置，相对于其上级元素，相对于另一个元素，或者相对于浏览器视窗本身。每个显示元素都可以用定位的方法来描述，而其位置是由此元素的包含块来决定的。

语法：

position:static|absolute|fixed|relative

说明：static 表示默认值，无特殊定位，对象遵循 HTML 定位规则；absolute 表示采用绝对定位，需要同时使用 left、right、top 和 bottom 等属性进行绝对定位，而其层叠通过 Z-index 属性定义，此时对象不具有边框，但仍有填充和边框；fixed 表示当页面滚动时，元素保持在浏览器视区内，其行为类似 absolute；relative 表示采用相对定位，对象不可层叠，但将依据 left、right、top 和 bottom 等属性设置在页面中的偏移位置。

2.10.3   关于 CSS+DIV 布局

1. CSS 布局理念

CSS+DIV 是网站标准（或称 Web 标准）中常用的术语之一，因为 XHTML 标准中，不再使用表格定位技术而是采用 CSS+DIV 的方式实现各种定位。现在 CSS+DIV 技术在网站建设中已经应用很普遍，这里的 DIV 指的主要是相对定位的 < div > 标签，而不是绝对定位的 AP DIV。

使用 CSS+DIV 进行页面布局是一种很新的排版理念，首先要将页面使用 DIV 标签整体划分为几个版块，然后对各个版块进行 CSS 定位，最后在各个版块中添加相应的内容。

2. id 与 class 的区别

在使用 CSS+DIV 布局网页时，经常会用 id 和 class 来选择调用 CSS 样式属性。对初学者来说，什么时候用 id，什么时候用 class，可能比较模糊。

class 在 CSS 中叫"类"，在同一个页面可以无数次调用相同的类样式。id 表示标签的身份，是标签的唯一标识。在 CSS 里，id 在页面里只能出现一次，即使在同一个页面里调用相同的 id 多次仍然没有出现页面混乱错误，但为了 W3C 及各个标准，大家也要遵循 id 一个页面里的唯一性，以免出现浏览器兼容问题。例如，在文件头定义了一个 id 名称样式 "#style"，在正文中通过 id 引用了一次，除了这一次，不能再继续引用了。

因此，在页面中凡是需要多次引用的样式，需要定义成类样式，通过 class 进行多次调用，凡是只用一次的样式，可以定义成 id 名称样式，当然也可以定义为类样式。一个元素上可以有一个类和一个 id，如 <div class="sidebarl" id="leftbar">，一个元素还可以有多个类，如 <div class="sidebarl pstyle fontstyle">，这个新的类命名结构带来了更高的灵活性。

3. CSS+DIV 布局的具体操作步骤

（1）将页面用 DIV 分块。

在利用 CSS 布局页面时，首先要有一个整体的规划，包括整个页面分成哪些模块，各个模块之间的父子关系等。以最简单的框架为例，页面由 banner、content（主体内容）links（菜单导航）和 footer（脚注）几个部分组成，各个部分分别用自己的 id 来标识，如图 2－289 所示。

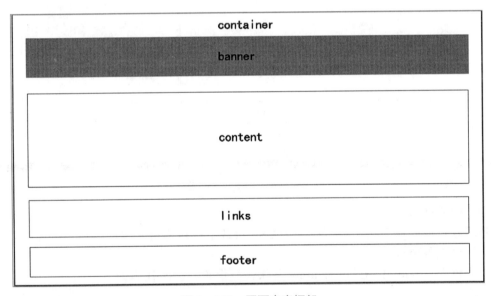

图 2－289　页面内容框架

页面中的 HTML 框架代码如下所示。

```
<div id="container">container
<div id="banner">banner</div>
<div id="content">content</div>
<div id="links">links</div>
<div id="footer">footer</div>
</div>
```

实例中每个板块都是一个 <div>，这里直接使用 CSS 中的 id 来表示各个板块，页面的所有 DIV 块都属于 container，一般的 DIV 排版都会在最外面加上这个父 DIV，便于对页面的整体进行调整。对于每个 DIV 块，还可以再加入各种元素或行内元素。

（2）设计各块的位置。

当页面的内容已经确定后，则需要根据内容本身考虑整体的页面布局类型，如是单栏、双栏还是三栏等，这里采用的布局如图 2 - 290 所示。

由图 2 - 290 可以看出，在页面外部有一个整体的框架 container，banner 位于页面整体框架的最上方，content 与 links 位于页面的中部，其中 content 占据着页面的绝大部分。最下面是页面的脚注 footer。

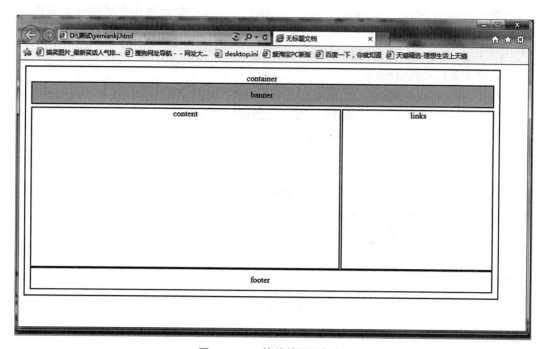

图 2 - 290　简单的页面框架

（3）用 CSS 定位。

整理好页面的框架后，就可以利用 CSS 对各个板块进行定位，实现对页面的整体规划，然后再往各个板块中添加内容。

下面首先对 body 标记与 container 父块进行设置，CSS 代码如下所示。

```
body{
margin:10px;
text-align:center;
}
#container {
width:900px;
border:2px solid #000000;
padding:10px;
}
```

上面代码设置了页面的边界、页面文本的对齐方式，以及将父块的宽度设置为900px。下面来设置 banner 板块，其 CSS 代码如下所示。

```
#banner {
```

```
margin-bottom:5px；
padding:10px；
background-color:#a2d9ff；
border:2px solid #000000；
text-align:center；
}
```

这里设置了 banner 板块的边界、填充、背景颜色等。

下面利用 float 方法将 content 移动到左侧，links 移动到页面右侧，这里分别设置了这两个板块的宽度和高度，读者可以根据需要自己调整。

```
#content{
float:left；
width:600px；
height:300px；
border:2px solid #000000；
text-align:center；
}
#links{
float:right；
width:290px；
height:300px；
border:2px solid #000000；
text-align:center；
}
```

由于 content 和 links 对象都设置了浮动属性，因此 footer 需要设置 clear 属性，使其不受浮动的影响，代码如下所示。

```
#footer{
clear:both；/* 不受 float 影响 */
padding:10px；
border:2px solid #000000；
text-align:center；}
```

这样，页面的整体框架便搭建好了，这里需要指出的是，content 块中不能放置宽度过长的元素，如很长的图片或不换行的英文等，否则 links 将再次被挤到 content 下方。

特别的，如果后期维护时希望 content 的位置与 links 对调，只需要将 content 和 links 属性中的 left 和 right 改变。这是传统的排版方式所不可能简单实现的，也正是 CSS 排版的魅力之一。

另外，如果 links 的内容比 content 的长，在 Internet Explorer 浏览器上 footer 就会贴在 content 下方而与 links 出现重合。

2.10.4　常见的布局类型

现在一些比较知名的网页设计全部采用 DIV+CSS 来排版布局，DIV+CSS 的好处可以使 HTML 代码更整齐，更容易使人理解，而且浏览时的速度也比传统的布局方式快，最重要的是它的可控性比表格强得多。下面介绍常见的布局类型。

1. 一字形结构

一字形结构是最简单的网页布局类型，即无论是从纵向上看，还是从横向上看，都只有一栏，通常居中显示，它是其他布局类型的基础。

2. 左右结构

左右结构将网页分割为左右两栏，左栏小右栏大或者左栏大右栏小，如图 2 – 291 所示。

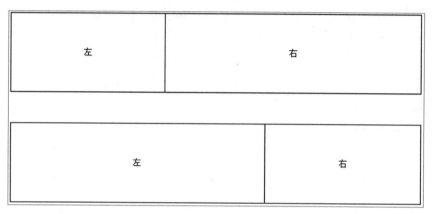

图 2 – 291　左右结构

3. 川字形结构

川字形结构将网页分割为左中右 3 栏，左右两栏小中栏大，如图 2 – 292 所示。

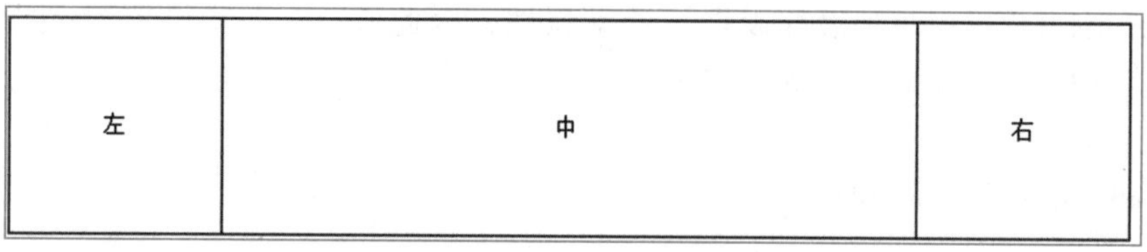

左	中	右

图 2 – 292　川字形结构

4. 二字形结构

二字形结构将网页分割为上下两栏，上栏小下栏大或上栏大下栏小，如图 2 – 293 所示。

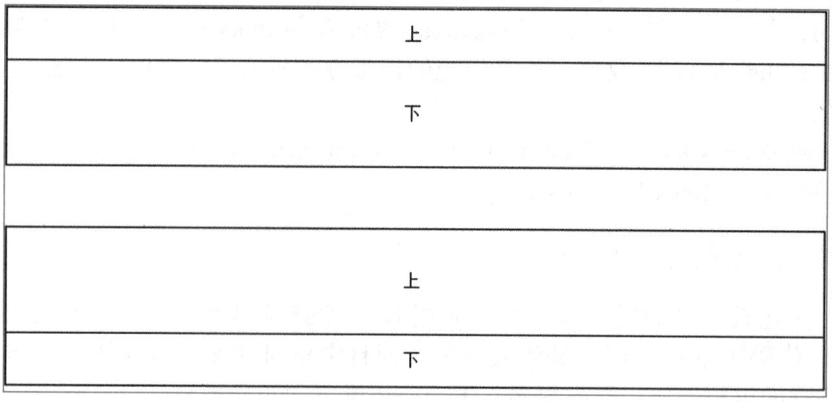

上
下

上
下

图 2 – 293　二字形结构

5. 三字形结构

三字形结构将网页分割为上中下 3 栏，上下栏小中栏大，如图 2 – 294 所示。

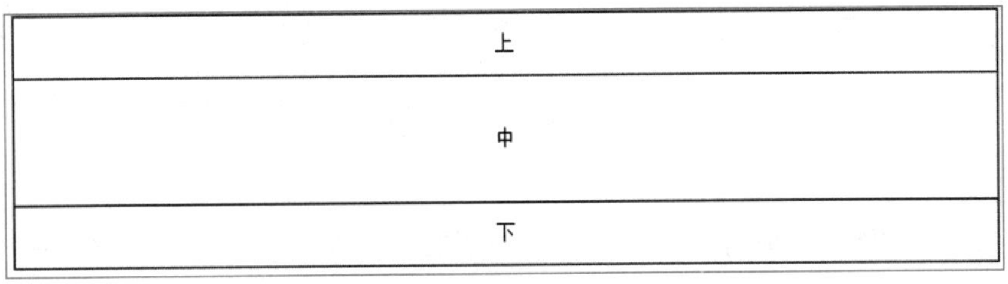

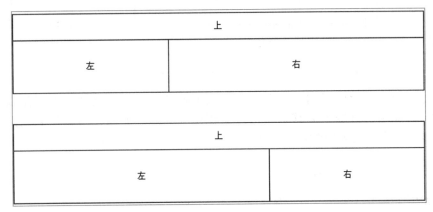

图 2 – 294　三字形结构

6. 厂字形结构

厂字形结构将网页分割为上下两栏，下栏又分为左右两栏，如图 2 – 295 所示。

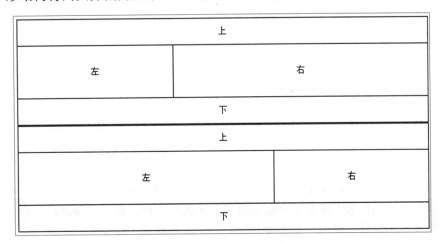

图 2 – 295　厂字形结构

7. 匚字形结构

匚字形结构将网页分割为上中下 3 栏，中栏又分为左右两栏，如图 2 – 296 所示。

图 2 – 296　匚字形结构

8. 同字形结构

同字形结构将网页分割为上下两栏，下栏又分为左中右 3 栏，如图 2 – 297 所示。

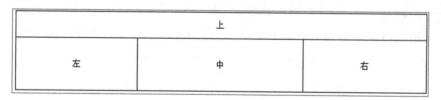

图 2 - 297　同字形结构

9. 回字形结构

回字形结构将网页分割为上中下 3 栏，中栏又分为左中右 3 栏，如图 2 - 298 所示。

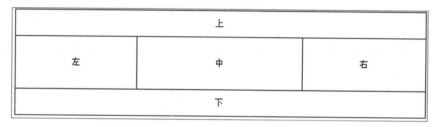

图 2 - 298　回字形结构

平时上网经常发现许多网页很长，实际上不管网页多长，其结构大多是以上几种结构类型的综合应用，万变不离其宗。另外需要说明的是，上面介绍的只是页面的大致区域结构，在每个小区域内通常还需要继续使用布局技术进行布局。

2.10.5　常见布局形式设计

1. 一列固定宽度

一列式布局是所有布局的基础，也是最简单的布局形式。一列固定宽度中，宽度的属性值是固定像素。下面举例说明一列固定宽度的布局方法，具体步骤如下。

（1）在 HTML 文档的 <head> 与 </head> 之间相应的位置输入定义的 CSS 样式代码，如下所示。

```
<style>
#Layer {
background-color:#00cc33;
border:3px solid #ff3399;
width:500px;
height:350px;
}
</style>
```

提示：使用 "background-color:#00cc33;" 将 DIV 设定为绿色背景，并使用 "border: 3px solid #ff3399;" 将 DIV 设置了粉红色的 3px 宽度的边框，使用 "width:500px;" 设置宽度为 500 像素固定宽度，使用 "height:350px;" 设置高度为 350 像素。

（2）然后在 HTML 文档的 <body> 与 </body> 之间的正文中输入以下代码，给 DIV 使用了 layer 作为 ID 名称。

```
<div id="Layer">1 列固定宽度 </div>
```

（3）在浏览器中浏览，由于是固定宽度，无论怎样改变浏览器窗口大小，DIV 的宽度都不改变，如图 2 - 299 所示。

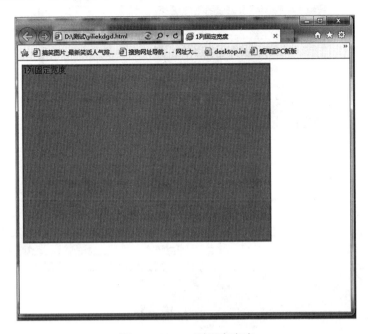

图 2 - 299 一列固定宽度

2. 一列宽度自适应

自适应布局是在网页设计中常见的一种布局形式。自适应布局能够根据浏览器窗口的大小，自动改变其宽度或高度值，是一种非常灵活的布局形式。良好的自适应布局网站对不同分辨率的显示器都能提供较好的显示效果。自适应布局需要将宽度由固定值改为百分比。

下面是一列自适应布局的 CSS 代码。

```
<style>
#Layer{
background-color:#00cc33;
border:3px solid #ff3399;
width:60%;
height:60%;
}
</style>
<body>
<div id="Layer">1 列自适应 </div>
</body>
</html>
```

这里将宽度和高度值都设置为 60%，从浏览效果中可以看到，DIV 的宽度已经变为浏览器宽度 60% 的值，当扩大或缩小浏览器窗口大小时，其宽度和高度还将维持在与浏览器当前宽度比例的 60%，如图 2 - 300 所示。

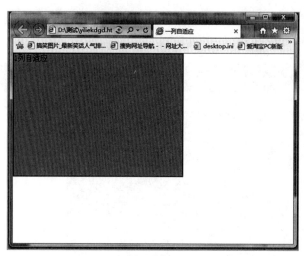

（a）原窗口

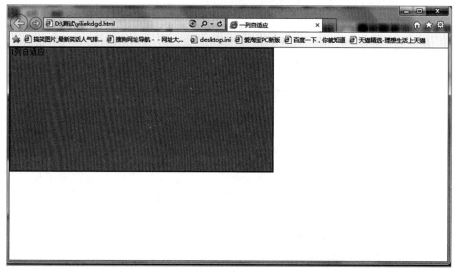

（b）放大窗口

图 2 - 300　一列宽度自适应

3. 两列固定宽度

两列固定宽度非常简单，两列的布局需要用到两个 DIV，分别为两个 DIV 的 ID 设置为 left 与 right，表示两个 DIV 的名称。首先为它们制定宽度，然后让两个 DIV 在水平线中并排显示，从而形成两列式布局，具体步骤如下。

（1）在 HTML 文档的 <head> 与 </head> 之间相应的位置输入定义的 CSS 样式代码，如下所示。

```
<style>
#left{
background-color:#00cc33;
border:1px solid #ff3399;
width:250px;
height:250px;
```

```
float:left;
}
#right{
background-color:#ffcc33;
border:1px solid #ff3399;
width:250px;
height:250px;
float:left;
}
</style>
```

提示：left 与 right 两个 DIV 的代码与前面类似，两个 DIV 使用相同宽度实现两列式布局。float 属性是 CSS 布局中非常重要的属性，用于控制对象的浮动布局方式，大部分 DIV 布局基本上都通过 float 的控制来实现的。

（2）然后在 HTML 文档的 <body> 与 </body> 之间的正文中输入以下代码，给 DIV 使用 left 和 right 作为 ID 名称。

```
<div id="left"> 左列 </div>
<div id="right"> 右列 </div>
```

（3）在浏览器中浏览效果，如图 2 - 301 所示的是两列固定宽度布局。

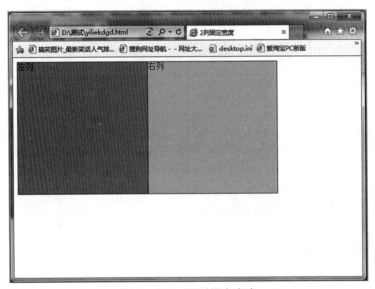

图 2 - 301　两列固定宽度

4. 两列宽度自适应

下面使用两列宽度自适应，以实现左右列宽度能够做到自动适应。设置自适应主要通过宽度的百分比值设置，CSS 代码修改为如下。

```
<style>
#left{
background-color:#00cc33;
border:1px solid #ff3399;
width:60%;
```

```
height:250px;
float:left;
}
#right{
background-color:#ffcc33;
border:1px solid #ff3399;
width:30%;
height:250px;
float:left;
}
</style>
```

这里主要修改了左列宽度为 60%，右列宽度为 30%。在浏览器中浏览效果如图 2 - 302 和图 2 - 303 所示，无论怎样改变浏览器窗口大小，左右两列的宽度与浏览器窗口的百分比都不改变。

图 2 - 302　两列宽度固定自适应 1

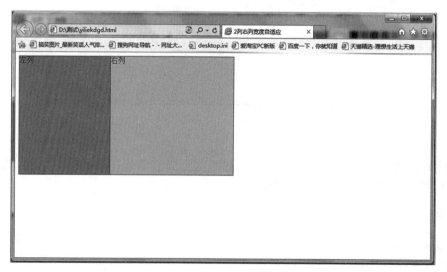

图 2 - 303　两列宽度固定自适应 2

5. 两列宽度右列自适应

在实际应用中，有时候需要左列固定宽度，右列根据浏览器窗口大小自动适应，在 CSS 中只要设置左列的宽度即可。如上例中左右列都采用了百分比实现了宽度自适应，这里只要将左列宽度设定为固定值，右列不设置任何宽度值，并且右列不浮动，CSS 样式代码如下。

```
<style>
#left {
background-color:#00cc33;
border:1px solid #ff3399;
width:200px;
height:250px;
float:left;
}
#right{
background-color:#ffcc33;
border:1px solid #ff3399;
height:250px;
}
</style>
```

这样，左列将呈现 200px 的宽度，而右列将根据浏览器窗口大小自动适应，如图 2 - 304 和图 2 - 305 所示。

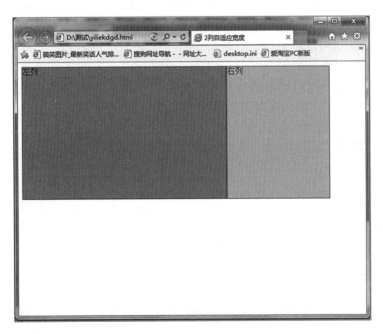

图 2 - 304　两列宽度右列自适应 1

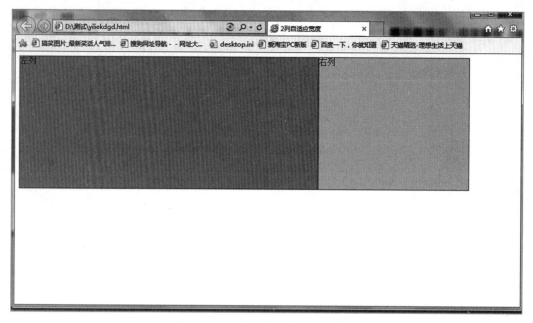

图 2-305　两列宽度右列自适应 2

6. 三列浮动中间宽度自适应

使用浮动定位方式，从一列到多列的固定宽度及自适应，基本上可以简单完成，包括三列的固定宽度。而在这里给我们提出了一个新的要求，希望有一个三列式布局，其中左列要求固定宽度，并居左显示，右列要求固定宽度并居右显示，而中间列需要在左列和右列的中间，根据左右列的间距变化自动适应。

在开始这样的三列布局之前，有必要了解一个新的定位方式——绝对定位。前面的浮动定位方式主要由浏览器根据对象的内容自动进行浮动方向的调整，但是当这种方式不能满足定位需求时，就需要新的方法来实现，CSS 提供的除去浮动定位之外的另一种定位方式就是绝对定位，绝对定位使用 position 属性来实现。

下面讲述三列浮动中间宽度自适应布局的创建，具体操作步骤如下。

（1）在 HTML 文档的 <head> 与 </head> 之间相应的位置输入定义的 CSS 样式代码，如下所示。

```
<style>
body {
margin:0px;
}
#left {
background-color:#00cc00;
porder:2px solid #333333;
width:100px;
height:250px;
position:absolute;
top:0px;
left:0px;
}
```

```
#center {
background-color:#ccffcc;
border:2px solid #333333;
height:250px;
margin-left:100px;
margin-right:100px;
}
#right {
background-color:#00cc00;
border:2px solid #333333;
width:100px;
height:250px;
position:absolute;
right:0px;
top:0px;
}
</style>
```

（2）然后在 HTML 文档的 <body> 与 </body> 之间的正文中输入以下代码，给 DIV 使用 left、right 和 center 作为 ID 名称。

```
<div id="left"> 左列 </div>
<div id="center"> 右列 </div>
<div id="right"> 右列 </div>
```

（3）在浏览器中浏览，如图 2－306 所示，随着浏览器窗口的改变，中间宽度是变化的。

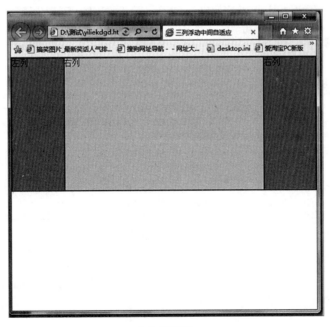

(a) 原窗口

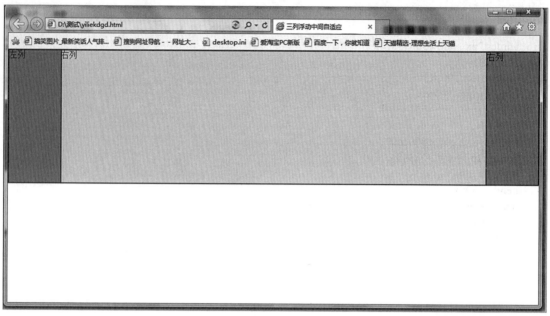

（b）改变窗口大小

图 2-306　三列中间自适应

范例解析——欢声笑语

［学习目标］熟练掌握使用 DIV+CSS 布局网页的方法。

［素材位置］素材\欢声笑语\原始。

［效果位置］素材\欢声笑语\效果。

根据要求使用 DIV+CSS 布局网页，在浏览器中的显示效果如图 2-307 所示。

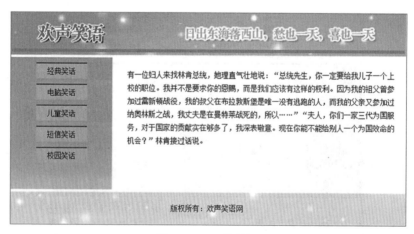

图 2-307　效果图

［操作步骤］

这是使用 DIV+CSS 布局网页的一个例子，通过"CSS 样式"面板创建标签 CSS 样式"body"来设置网页文本默认的字体和大小，使用 DIV 标签"headdiv"来布局页眉部分，使用 DIV 标签"maindiv"来布局主体部分，其中左侧使用 DIV 标签"maindivleft"，右侧使用 DIV 标签"maindivright",最后使用 DIV 标签"footdiv"来布局页脚部分。

（1）创建一个文档，在"CSS 样式"面板中单击 🔁 按钮，打开"新建 CSS 规则"对话框，重新定义标签"body"的 CSS 样式，在"类型"分类中设置字体为"宋体"，大小为"14px"，在"方框"分类中设置上边界为"0"。

（2）在文档中插入 DIV 标签"headdiv"，同时创建 ID 名称 CSS 样式"#headdiv"，参数设置如图 2 – 308 所示。

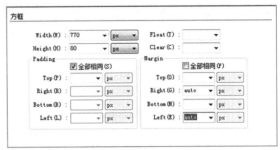

图 2 – 308 创建 ID 名称

（3）将 DIV 标签"headdiv"中的文本删除，然后插入图像"logo.jpg"，如图 2 – 309 所示。

图 2 – 309 插入图像"logo.jpg"

（4）在 DIV 标签"headdiv"之后插入 DIV 标签"maindiv"，同时创建 ID 名称 CSS 样式"#maindiv"，设置方框宽度和高度分别为"770px"和"250px"，上下边界均为"5px"，左右边界均为"auto（自动）"。

（5）将 DIV 标签"maindiv"内的文本删除，然后插入 DIV 标签"maindivleft"，再创建 ID 名称 CSS 样式"#maindivleft"，在背景分类中设置背景图像为"leftbg.jpg"，重复方式为"repeat-x（横向重复）"，在"方框"分类中设置宽度和高度分别为"200px"和"250px"，浮动为"left（左对齐）"。

（6）将 DIV 标签"maindivleft"内的文本删除，然后输入其他文本并按 Enter 键进行换行，效果如图 2 – 310 所示。

（7）创建复合内容 CSS 样式"#maindiv #maindivleft p"，在"背景"分类中设置背景颜色为"#CCCCCC"，在"区块"分类中设置文本对齐方式为"center（居中）"，在"方框"分类中设置宽度为"100px"，上和下填充均为"6px"，上下边界分别为"10px"和"0px"，左右边界均为"auto（自动）"，在"边框"分类设置中右和下边框样式为"outset（凸出）"，宽度为"2px"，颜色为"#666"，效果如图 2 – 311 所示。

图 2 – 310 输入文本

图 2 – 311 设置文本样式

（8）给所有文本添加空链接"#"，然后创建复合内容 CSS 样式"#maindiv #maindivleft p a:link，#maindiv #maindivleft p a:visited"，在"类型"分类中设置文本颜色为"#000"，无文本修饰效果；接着创建复合内容 CSS 样式"#maindiv #maindivleft p a:hover"，设置文本颜色为"#F00"，有下划线效果。

（9）在 DIV 标签"maindivleft"之后插入 DIV 标签"maindivright"，同时创建 ID 名称 CSS 样式"#maindivright"，设置行高为"25px"，方框宽度和高度分别为"520px"和"210px"，浮动为"left（左对齐）"，填充均为"20px"，左边界为"10px"，最后添加文本，如图 2－312 所示。

有一位妇人来找林肯总统，她理直气壮地说："总统先生，你一定要给我儿子一个上校的职位。我并不是要求你的恩赐，而是我们应该有这样的权利。因为我的祖父曾参加过雷新顿战役，我的叔父在布拉敦斯堡是唯一没有逃跑的人，而我的父亲又参加过纽奥林斯之战，我丈夫是在曼特莱战死的，所以……""夫人，你们一家三代为国服务，对于国家的贡献实在够多了，我深表敬意。现在你能不能给别人一个为国效命的机会？"林肯接过话说。

图 2－312　添加文本

（10）在 DIV 标签"maindiv"之后插入 DIV 标签"footdiv"，同时创建 ID 名称 CSS 样式"#footdiv"，在"类型"分类中设置行高为"60px"，在"背景"分类中设置背景图像为"footbg.jpg"，在"区块"分类中设置为对齐方式为"center（居中）"，在"方框"分类中设置宽度和高度分别为"770px"和"60px"，左右边界均为"auto（自动）"，最后输入相应的文本。

（11）保存文档。

课后习题

1. 制作"人间仙境"页面

根据要求进行 DIV+CSS 网页布局，最终效果如图 2－313 所示。

人间仙境

图 2－313　效果图

［操作提示］

（1）创建一个文档并保存为"7-3-2.htm"。

（2）插入 DIV 标签"Div_1"，并创建 ID 名称 CSS 样式"#Div_1"，在"#Div_1 的 CSS 规则定义"对话框的"类型"分类中设置字体为"黑体"，大小为"36px"，行高为"50px"，颜色为"#06F"，在"区块"分类中设置文本的水平对齐方式为"center（居中）"，在"方框"分类中设置宽度为"805px"，上下边界均为"5px"，左右边界均为"auto（自动）"，最后输入文本"人间仙境"。

（3）在 DIV 标签"Div_1"之后继续插入 DIV 标签"Div_2"，在"#Div_2 的 CSS 规则定义"对话框的"方框"分类中分别设置宽度和高度为"805px"和"250px"，左右边界均为"auto（自动）"。

（4）在 DIV 标签"Div_2"内继续插入 DIV 标签"Div_3"，在"#Div_3 的 CSS 规则定义"对话框的"方框"分类中设置宽度为"400px"，浮动为"left（左对齐）"，然后在其中插入图像"xjl.jpg"。

（5）在 DIV 标签"Div_3"之后继续插入 DIV 标签"Div_4"，在"#Div_4 的 CSS 规则定义"对话框的"方框"分类中设置宽度为"400px"，浮动为"left（左对齐）"，左边界为"5px"，然后在其中插入图像"xj2.jpg"。

（6）按 F12 键保存并预览网页。

2. 操作题

自行搜集素材并制作一个网页，要求使用 DIV+CSS 进行页面布局。

2.11 库与模板

学习目标

● 了解库和模板的概念。

● 掌握创建与应用库项目。

● 掌握模板的创建。

● 掌握创建和应用模板的方法。

库与模板都是为了让网页风格统一，模板是使整个页面风格统一，而库则是从局部维护风格统一。

2.11.1 库的应用

库就是由网页中使用频率较高的网页元素（如图片、文字、其他对象等）组合成的一种特殊的网页文档，库项目的扩展名为 lbi，可以在多个页面重复使用。与模板一样，一个库项目被修改后，Dreamweaver 会自动更新所有使用该库项目的网页。与模板不同的是库更小巧，而且库可以在同一网页中多次使用。

1. 创建库项目

一些网站中重复用到的元素，如一幅图像、一段文字或多个内容组合，可以将其定义为库项目。这样既能减少网页的存储空间，也能非常方便地进行网页的更新。创建库项目的操作步骤如下：

（1）选择"窗口"|"资源"命令，打开资源面板。单击"库"按钮，进入到图 2-314 所示的库中。

（2）如图 2-315 所示，单击"库"面板中的"新建库项目"按钮，新建一个库项目，输入库项目名称后按 Enter 键。

图 2-314　"库"面板

图 2-315　新建一个库项目

（3）双击"库项目"图标，或单击"库"面板中的"编辑"按钮，进入图 2-316 所示的编辑界面。编辑库项目与编辑网页的方法相同。

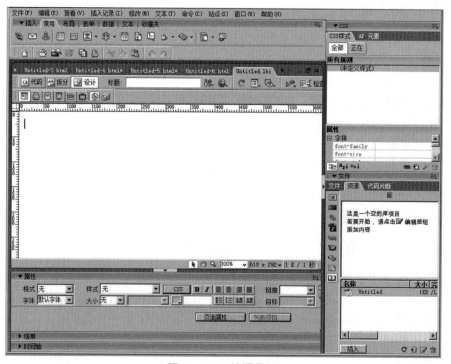

图 2-316　编辑界面

（4）编辑完成后，选择"文件"|"保存"命令进行保存。

2. 将网页元素制成库项目

将网页中的元素制作成库项目的方法如下：

（1）打开网页，选取目标网页元素。

（2）可以将网页元素直接拖到库面板中，也可以选择"修改"|"库"|"增加对象到库"命令，还可以单击库面板中的"新建库项目"按钮。

（3）网页元素添加到库面板中后，输入库项目名称即可。

提示：应用到网页中的库项目被看成是一个独立的个体，无法直接在网页中进行修改。因此在制作库项目时，应当注意库项目内容的相关性，考虑好库项目的内容和外观。

3. 将库项目应用到网页中

应用库项目到网页中的方法如下：

（1）打开网页，将光标置于需要插入库项目的位置。

（2）打开"资源"面板，切换到"库"选项卡中。

（3）选择目标库项目，单击"插入"按钮，或者拖动库项目到网页中的目标位置。如图 2-317 所示，插入库项目后属性面板中显示了当前库项目的相关设置。

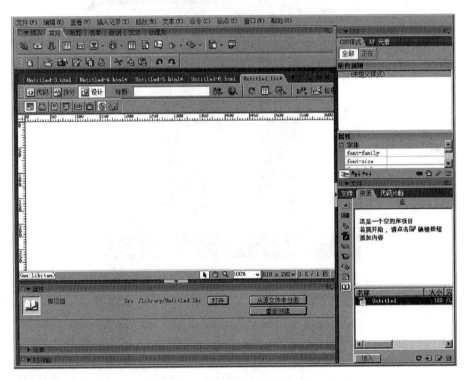

图 2-317　将库项目应用到网页中

4. 编辑库项目

编辑库项目的方法如下：

（1）打开"资源"面板，切换到"库"选项卡中。

（2）选择库项目，然后单击"编辑"按钮，进入到编辑窗口，或双击"库项目"图标，进入到编辑窗口。

5. 脱离库项目控制

应用到网页中的库项目，如果需要摆脱库项目的制约，成为网页内容的一部分，可以按照下列方法来实现：

（1）选中网页中的库项目。

（2）单击"属性"面板中的"从源文件中分离"按钮即可。

范例解析——健康瑜伽

[学习目标] 熟练库的应用。

[素材位置] 素材 \ 健康瑜伽 \ 原始。

[效果位置] 素材 \ 健康瑜伽 \ 效果。

根据要求创建文档并进行格式设置，在浏览器中的显示效果如图 2 - 318 所示。

图 2 - 318　效果图

[操作步骤]

1. 创建库项目

（1）选择"文件"|"打开"命令，在弹出的对话框中选择素材中的"Ch09\clip\ 健康瑜伽网页 \index.html"文件，单击"打开"按钮打开文件，如图 2 - 319 所示。

（2）选择"窗口"|"资源"命令，调出"资源"控制面板。在"资源"控制面板中，单击左侧的"库"按钮，进入"库"面板。选择表格，按住鼠标左键将其拖曳到"库"面板中，松开鼠标左键，选定的图像将添加为库项目，如图 2 - 320 所示。

图 2-319　打开文件

（a）选择表格　　　　（b）"库"面板

图 2-320　创建库项目

（3）在可输入状态下，将其重命名为"logo"，如图 2-321 所示，按 Enter 键确认。

（4）选择文档窗口左侧的表格，按住鼠标左键将其拖曳到"库"面板中，松开鼠标左键，选定的表格将其添加为库项目，将其重命名为"left"，如图 2-322 所示，按 Enter 键确认。

图 2-321　创建库项目"logo"

（a）选择表格　　　　（b）"库"面板

图 2-322　创建库项目"left"

（5）选中文档窗口下方的表格，按住鼠标左键将其拖曳到"库"面板中，松开鼠标左键，选定的表格添加为库项目，将其重命名为"bottom"，如图 2 - 323 所示，按回车键确认。

（a）选择表格　　　　　　（b）"库"面板

图 2 - 323　创建库项目"bottom"

（6）按 F12 键保存并预览，效果如图 2 - 324 所示。

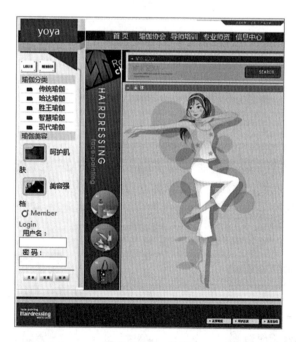

图 2 - 324　效果

2. 利用库中注册的项目制作网页文档

（1）选择"文件"|"打开"命令，在弹出的对话框中选择素材中的"Ch09\clip\健康瑜伽网页\index1.html"文件，单击"打开"按钮打开文件，如图 2 - 325 所示。

（2）将光标置入上方的绿色单元格中，选择"库"面板中的"logo"选项，按住鼠标左键将其拖曳到单元中，松开鼠标左键，如图 2 - 326 所示。

图 2 - 325　文件效果

（a）选择单元格　　　（b）选择"logo"　　　（c）插入"logo"

图 2 - 326　插入"logo"库项目

（3）将光标置入单元格中，选择"库"面板的"left"选项，按住鼠标左键将其拖曳到单元格中，松开鼠标左键，如图 2 - 327 所示。

（a）选择单元格　　　（b）选择"left"　　　（c）插入"left"

图 2 - 327　插入"left"库项目

（4）选择"库"面板中的"bottom"选项，按住鼠标左键将其拖曳到底部单元格中，如图 2 – 328 所示。

（a）选择"bottom"　　　　　　　　　（b）插入"bottom"

图 2 – 328　插入"left"库项目

（5）保存文档，按 F12 键预览效果。

2.11.2　模板

利用库可以将页面中一部分内容作为一个对象插入到新的页面中，这种方法主要用于不同栏目间、共用相同内容的情况。假如是在相同栏目中，并且页面大部分的内容都是相同的，只有一个区域是不同的，这时库就不太方便了。利用"模板"能将这个页面的整体结构保存，只允许修改其中的部分区域。模板是提高网页制作效率的一种方法。

1. 创建模板

（1）将已有的网页文件保存为模板。

1）首先创建一个网页文件，选择"文件"|"新建"命令，创建一个网页文件，编辑好该网页文件，如图 2 – 329 所示。

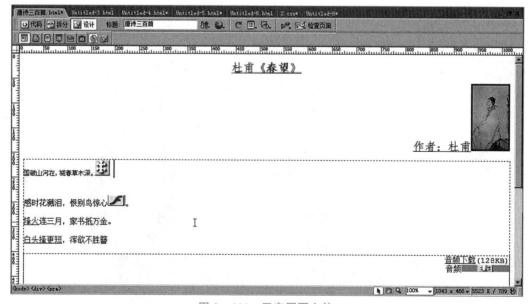

图 2 – 329　已有网页文件

2）选择"文件"|"另存为模板"命令，弹出"另存为模板"对话框，如图 2-330 所示。

3）各项设置如下：

● "站点"：在下拉列表框中选择存放模板的站点。

● "现存的模板"：显示当前站点下已有的模板。

● "另存为"：在文本框中输入模板的名称。

4）单击"保存"按钮，新增的模板就会出现在"资源"面板的模板列表中。

图 2-330 "另存模板"对话框

（2）创建空白的模板文件。

1）选择"窗口"|"资源"命令，也可以按快捷键 F11，打开"资源"面板。

2）单击资源面板左侧的模板按钮，切换到模板视图，显示模板类别，如图 2-331 所示。

3）单击"资源"面板底部的新建模板按钮。

4）一个新的模板就添加到"资源"面板的模板列表，输入新的模板名称，就完成了模板的创建，如图 2-332 所示。

图 2-331 "资源"面板模板类别

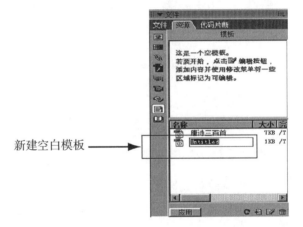

新建空白模板

图 2-332 新建空白模板

（3）创建嵌套模板。

嵌套模板是指一个模板的可编辑区域基于另外的模板。如果要创建嵌套模板，必须先保存基础模板，再新建一个基于基础模板的文档，然后定义该文档并保存为模板即可。在新的模板中，可以进一步在基础模板的可编辑区域上定义新的可编辑区域。

在默认情况下，基础模板中的所有可编辑模板区域都通过嵌套模板传递到基于该嵌套模板的文档中。这意味着如果在基础模板中创建一个可编辑区域，然后再创建一个嵌套模板，只要没有在嵌套模板的该区域中插入任何新的模板区域，该可编辑区域就会出现在基于嵌套模板的文档中。

2. 编辑模板

建立模板后，要对模板进行设计，例如建立可编辑区域等。

（1）设计模板。

编辑模板与编辑网页一样，唯一不同的是生成的文件类型不同，实际上编辑模板就如同用笔在白纸上画，其操作步骤如下：

1）打开"资源"面板，选定"模板"类别，"资源"选项卡下部模板列表中列出当前站点所有可用模板，顶部显示模板预览。

2）单击"资源"面板底部的编辑按钮。

3）在文档窗口中编辑模板，在模板编辑窗口中需要编辑的地方创建可编辑区域。

4）选择"文件"|"保存"命令，保存编辑好的模板。

若未编辑任何可编辑区域，就会弹出警告对话框，如图 2-333 所示，警告模板不包含任何编辑区域，可以强行保存。因为即使模板不包含任何可编辑区域也可以修改该模板，但是不能修改基于该模板的网页文档，直到在模板中创建了可编辑区域为止。

（2）创建可编辑区域。

在创建模板的时候，就要创建可编辑区域，可执行以下 3 种操作创建可编辑区域：

1）选择"插入"|"模板对象"|"可编辑区域"命令。

2）右击选定的文本或内容，从弹出的快捷菜单中选择"模板"|"新建可编辑区域"命令。

3）单击"插入"工具栏的"常用"类别中的"模板"按钮分类上的"可编辑区域"按钮。在弹出的"新建可编辑区域"对话框中输入区域名，单击"确定"按钮，如图 2-334 所示。

图 2-333　模板保存警告对话框

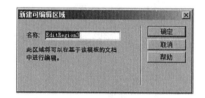

图 2-334　"新建可编辑区域"对话框

（3）删除可编辑区域。

若要在文档中删除已定义的可编辑区域，可执行下面的步骤：

1）在文档视图中选择要删除的可编辑区域。

2）选择"修改"|"模板"|"删除模板标记"命令。选定的模板可编辑区域被删除，然后保存。

（4）重命名模板。

重命名"资源"面板中的模板文件可以执行下面的步骤：

1）在"资源"面板中选择模板。

2）单击右键，在弹出的快捷菜单中选择"重命名"命令，如图 2-335 所示。

3）也可以在模板上单击左键，暂停一会，模板名字就会进入可编辑状态，此时可以对模板进行重命名。

图 2-335　选择"重命名"模板

3. 应用模板

将一个创建好的模板应用到文档，可执行下面的操作：

（1）打开一个网页文档，在"资源"面板中选择一个相应的模板。

（2）单击"资源"面板左下角的"应用"按钮。

4. 更新与分离模板

无论是由模板创建的网页，还是应用了模板的网页，都与模板之间建立了一种链接关系。在修改模板后，系统会自动更新这些网页。此外，还可将网页从模板中分离出来，不再受模板的限制。

（1）更新模板。

在 Dreamweaver 中，模板被重新编辑或修改并保存之后，会自动打开"更新模板文件"对话框，单击"更新"按钮，更新基于此模板创建的网页文档。

如果由于某种原因，系统没有进行自动更新，则可以进行手动更新。手动更新的操作步骤如下：

1）打开"更新页面"对话框的操作方法有以下两种，如图 2-336 所示。

● 在"资源"面板中，右击要更新的模板文件，在弹出的快捷菜单中选择"更新站点"命令。

● 选择"修改" | "模板" | "更新页面"命令。

图 2-336 "更新页面"对话框

2）在"查看"下拉列表中可以选择更新的范围。选择"整个站点"选项时，在右侧下拉列表框选择站点名称，更新所选站点中的所有文件；选择"文件使用"选项时，则在右侧下拉列表框选择模板名称，更新当前站点中使用所选模板的所有页面。

3）在"更新"选项区域中，选择"模板"复选框。

4）单击"开始"按钮，开始更新站点或网页。更新完毕后，系统会给出一个更新报告。

5）更新结束，关闭"更新页面"对话框即可。

（2）将网页从模板中分离。

根据模板创建的网页与模板之间存在链接关系，模板的改变会影响到网页。如果不希望网页与模板之间存在联系，可以将网页从模板中分离，分离后的网页不再受模板的影响。网页从模板中分离的操作步骤如下：

1）打开要分离的网页。

2）选择"修改" | "模板" | "从模板中分离"命令，网页即可从模板中分离。

范例解析——家居资讯网页

［学习目标］熟练掌握模板的应用。

［素材位置］素材 \ 家居资讯 \ 原始。

［效果位置］素材 \ 家居资讯 \ 效果。

根据要求使用模板制作网页，在浏览器中的显示效果如图 2-337 所示。

图 2 - 337　效果图

[操作步骤]

1. 创建模板

（1）选择"文件"|"打开"命令，在弹出的对话框中选择素材中的"Ch09\clip\家居资讯网页\index.html"文件，单击"打开"按钮打开文件，如图 2 - 338 所示。

图 2 - 338　打开文件

（2）在"插入"面板的"常用"选项卡中，单击"模板"展开式按钮，再单击"创建模板"按钮，在弹出的对话框中进行设置，如图 2 - 339 所示。

（3）单击"保存"按钮，弹出提示对话框，单击"是"，如图 2 - 340 所示，将当前文档转换为模板文档，文档名称也随之改变。

图 2 - 339　保存模板　　　　　　　图 2 - 340　提示对话框

2. 创建可编辑区域

（1）选中如图 2 - 341 所示的表格，在"插入"面板的"常用"选项卡中，单击"模板"展开式按钮，再单击"重复区域"按钮，弹出"新建重复区域"对话框，在"名称"文本框中输入名称，单击"确定"按钮，如图 2 - 342 所示。效果如图 2 - 343 所示。

图 2 - 341　选择表格　　　　　　图 2 - 342　"新建重复区域"对话框

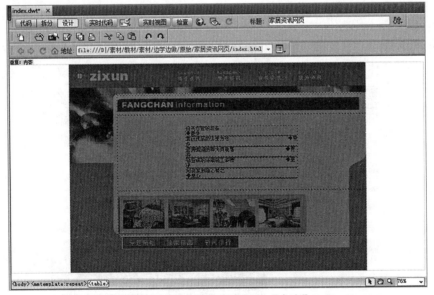

图 2 - 343　创建可编辑区"内容"

（2）选中如图 2 - 344（a）所示的表格，在"插入"面板的"常用"选项卡中单击"模板"展开式按钮，再单击"可编辑区域"按钮，弹出"新建可编辑区域"对话框，在

"名称"文本框中输入名称，单击"确定"按钮创建可编辑区域，如图2－344（b）所示。

（a）选择表格 　　　　　　　　　　（b）命名

图2－344　创建可编辑区"01"

（3）选中如图2－345（a）所示的图片，单击"插入"面板"常用"选项的"可编辑区域"按钮，弹出"新建可编辑区域"对话框，在"名称"文本框中输入名称，单击"确定"按钮创建可编辑区域，如图2－345（b）所示。

（a）选择图片 　　　　　　　　　　（b）命名

图2－345　创建可编辑区"02"

（4）按F12键保存并预览。

综合案例——名师培养

［学习目标］熟练掌握库与模板的应用。

［素材位置］素材＼名师培养＼原始。

［效果位置］素材＼名师培养＼效果。

根据要求使用库和模板制作网页，在浏览器中的显示效果如图2－346所示。

［操作步骤］

这是使用库和模板制作网页的一个例子，页眉和页脚分别做成两个项目，然后在模板文件中引用它们，主体部分根据需要分别使用重复表格、可编辑区域或重复区域等模板对象。

图2－346　效果图

（1）新建项目库"head"，在其中插入一个1行1列的表格，设置表格宽度为
"780px"，填充、间距和边框均为"0"，表格对齐方式为"居中对齐"，然后在单元格中
插入图像"logo.jpg"并保存，如图2-347所示。

图2-347　插入图像

（2）新建项目库"foot"，在其中插入一个2行1列的表格，设置表格宽度
"780px"，填充、间距和边框均为"0"，表格的对齐方式为"居中对齐"。设置第1行单
元格的水平对齐方式为"居中对齐"，高度为"6"，背景颜色为"#0099FF"，并将单元
格源代码中的不换行空格符" "删除；设置第2行单元格的水平对齐方式为"居
中对齐"，高度为"30"，并输入相应的文本，如图2-348所示。

图2-348　创建库项目"foot"

（3）新建模板"9-4.dwt"，打开"页面属性"对话框，设置页面字体为"宋体"，大
小为"14像素"，上边距为"0"。

（4）将项目库"head"插入到当前网页中。

（5）在页眉库项目"head"的下面继续插入一个3行1列的表格，设置表格宽度为
"780px"，填充、边距和边框均为"0"，表格的对齐方式为"居中对齐"。

（6）设置第1行和第3行单元格的高度均为"5px"，并将单元格源代码中的不换行
空格符" "删除，设置第2行单元格水平对齐方式为"居中对齐"，垂直对齐方
式为"居中"，单元格高度为"36px"，背景颜色为"#B9D3F4"。

（7）创建复合内容的CSS样式".navigate a:link, .navigate a:visited"，参数设置如
图2-349所示。接着创建复合内容的CSS样式".navigate a:hover"，设置文本粗细为
"粗体"，文本修饰效果为"下划线"，颜色为"#F00"。

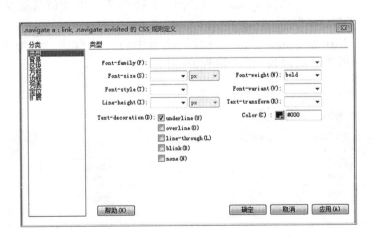

网页设计制作基础教程（Dreamweaver+Photoshop+Flash）

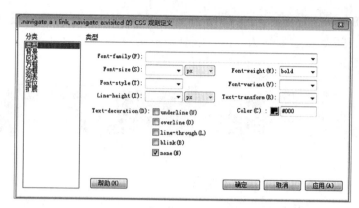

图 2 - 349　创建复合内容的 CSS 样式

（8）在第 2 行单元格"属性"面板的"类"下拉列表中选择"navigate"，然后输入文本并添加空链接，如图 2 - 350 所示。

图 2 - 350　输入文本并添加空链接

（9）在导航表格的后面继续插入一个 1 行 2 列的表格，设置表格宽度为"780px"，填充、间距和边框均为"0"，表格的对齐方式为"居中对齐"。

（10）在"属性"面板中设置左侧单元格水平对齐方式为"居中对齐"，垂直对齐方式为"顶端"，宽度为"280px"。

下面在左侧单元格中插入模板对象重复创建表格并创建超级链接样式。

（11）将鼠标光标置于左侧单元格内，然后选择菜单命令"插入"|"模板对象"|"重复表格"，插入重复表格，参数设置如图 2 - 351 所示。

（12）将第 1 行单元格高度设置为"20px"；将第 2 行单元格拆分为左右两个单元格，设置左单元格宽度为"80px"，高度为"30px"，背景颜色为"#E7F1FD"，水平对齐方式为"居中对齐"，右侧单元格宽度为"150px"；将第 3 行单元格高度设置为"30px"，水平方式设置为"左对齐"。

（13）单击"EditRegion"，在"属性"面板中将其修改为"导航名称"，同样将"EditRegion4"修改为"导航说明"，如图 2 - 352 所示。

图 2 - 351　插入重复表格

图 2 - 352　修改名称

（14）创建复合内容的 CSS 样式"·leftnav a:link，·leftnav a:visited"，设置字体为"黑体"，大小为"16px"，颜色为"#060"，文本修饰效果为"无"。接着创建复合内容的 CSS 样式"·leftnav a:hover"，设置字体为"黑体"，大小为"16px"，颜色为"#F0O"，文本修饰效果为"下划线"。

（15）选中"导航名称"所在的单元格，在"属性（HTML）"面板的"类"下拉列表中选择"leftnav"。

下面设置主体表格右侧单元格中的内容并插入模板对象。

（16）设置主体表格右侧单元格的水平对齐方式为"居中对齐"，垂直对齐方式为"顶端"。

（17）在单元格中插入一个 1 行 2 列的表格，设置表格宽度为"490px"，填充和边框均为"0"，间距为"5"，然后设置左侧单元格的水平对齐方式为"居中对齐"，宽度为"50%"，设置右侧单元格的水平对齐方式为"左对齐"，垂直对齐方式为"顶端"，宽度为"50%"。

（18）将鼠标光标置于左侧单元格中，然后选择"插入"|"模板对象"|"可编辑区域"命令，插入一个可编辑区域，名称为"图片"，然后在右侧单元格中也插入可编辑区，名称为"消息"，如图 2 - 353 所示。

（a）命名为"图片"　　　　　（b）命名为"消息"

图 2 - 353　插入可编辑区域

（19）创建标签 CSS 样式"P"，设置文本大小为"12px"，上边界为"8px"，下边界为"0"。

（20）在表格的后面继续插入一个 1 行 1 列的表格，设置表格宽度为"490px"，填充和边框均为"0"，间距为"5"，然后在单元格中也插入可编辑区域，名称为"其他内容"。

下面插入页脚库项目。

（21）将鼠标光标置于主体表格后面，插入库项目"foot.lbi"并保存文档，如图 2 - 354 所示。

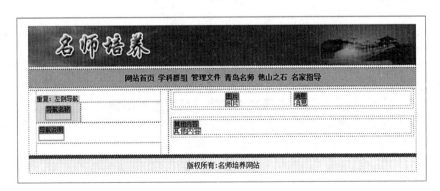

图 2 - 354　模板效果

（22）使用模板创建文档。选择"文件"|"新建"命令，打开"新建文档"对话框，选择"模板中的页"选项，然后在"站点"列表框中选择站点，在模板列表框中选择模板，并选择"当模板改变时更新页面"复选框，如图 2 - 355 所示。

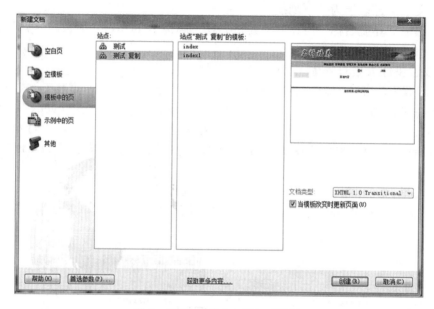

图 2 - 355 "新建文档"对话框

（23）单击"创建"按钮，创建基于模板的网页文档并保存，如图 2 - 356 所示。

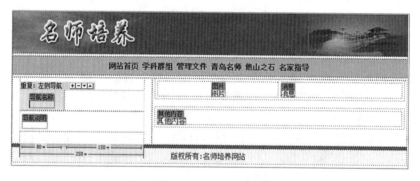

图 2 - 356 创建文档

（24）连续单击"重复：左侧导航"文本右侧的 ⊞ 按钮 4 次，添加重复表格，然后输入相应的文本，并给"导航名称"中的文本添加空链接。

（25）将可编辑区域"图片"中的文本删除，然后添加图像"school.jpg"；将可编辑区域"消息"中的文本删除，然后添加相应文本；将可编辑区域"其他内容"中的文本删除，然后添加图像"mingshi.jpg"，如图 2 - 357 所示。

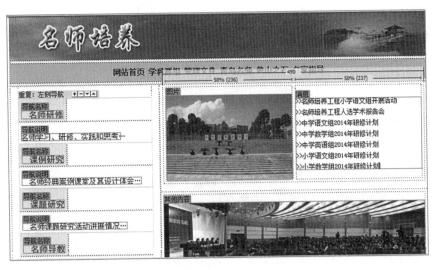

图 2-357　添加内容

课后习题

1. 制作"天鹅湖"页面

根据要求使用模板与库制作网页，最终效果如图 2-358 所示。

图 2-358　效果图

［操作提示］

（1）新建库项目"logo"，并插入 1 行 1 列的表格。

（2）在单元格中插入图像"logo.jpg"。

（3）新建模板，保存为"9-2"。

（4）打开模板文件，设置页面属性，字体为"宋体"，大小为"14px"。

（5）将库项目"logo"插入到网页中。

（6）在库项目后面插入一个 1 行 2 列的表格，宽度为"780px"，填充、间距和边框均为"0"，对齐方式为"居中对齐"。

（7）在"属性"面板中设置两个单元格的水平对齐方式分别为"左对齐"和"居中对齐"，垂直对齐方式均为"顶端"，宽度分别为"180px"和"600px"。

（8）将鼠标光标置于左侧单元格中，创建"可编辑区域"，名称为"介绍"。

（9）将鼠标光标置于右侧单元格中，创建"重复区域"，名称分别为"图片"和"内容"。

（10）将重复区域中的文本删除，插入一个 1 行 2 列的表格，宽度为"520px"，填充和边框均为"0"，间距为"5"，表格的对齐方式为"居中对齐"

（11）在"属性"面板中设置两个单元格的水平对齐方式均为"居中对齐"，宽度均为"50%"，同时设置左侧单元格的背景颜色为"#ABE2F8"。

（12）在两个单元格中分别插入一个可编辑区域，名称分别为"图片 1"和"图片 2"。

（13）在最外层表格的后面再插入一个 1 行 1 列的表格，宽度为"780px"，填充、间距和框均为"0"，表格的对齐方式为"居中对齐"，同时设置单元格的水平对齐方式为"居中对齐"，高度为"50px"，背景颜色为"#5BCAFI"，最后在单元格中输入相应的文本。

（14）创建标签 CSS 样式"P"，设置行高为"20px"，上下边界均为"0"。

（15）保存模板文档。

（16）新建基于模板的文件并保存为"9-2.htm"。

（17）将左侧可编辑区域中的文本删除，然后插入一个 1 行 1 列的表格，表格宽度为"100%"，填充和边框均为"0"，间距为"5"，单元格水平对齐方式为"左对齐"，并输入相应的文本。

（18）将右侧可编辑区域"图片 1"和"图片 2"中的文本删除，分别插入图像"01.jpg"和"02.jpg"，然后单击"重复：左侧导航"文本右侧的"加"按钮，添加重复区域，将可编辑区域中的文本删除，分别插入图像"03.jpg"和"04.jpg"。

（19）按 F12 键保存并预览网页。

2. 制作"玩美幼教"页面

根据要求使用模板与库制作网页，最终效果如图 2-359 所示。

［操作提示］

（1）打开素材中的文件"hand.htm"，另存为模板。

（2）按照要求创建可编辑区域，并添加相应的内容。

（3）创建基于模板的页面，并进行模板的更新。

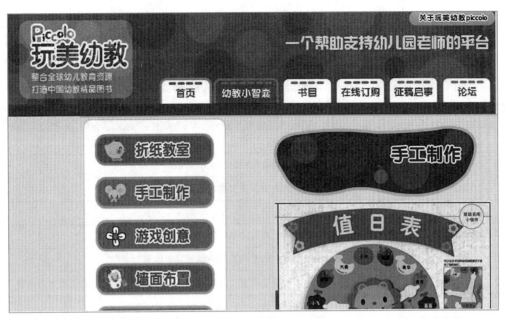

图 2－359　效果图

2.12　行为

学习目标

● 了解行为的概念。
● 掌握添加和设置行为中常见的动作和事件的方法。
● Dreamweaver 内置行为的使用。

2.12.1　行为的概念

行为是用来动态响应用户操作、改变当前页面效果或是执行特定任务的一种方法。行为是事件和由该事件触发的动作的组合，具体由 3 部分组成（简称行为的三要素）：对象、事件和动作。

1. 对象

对象（Object）指产生行为的主体。自然界的任何事物都可以看成一个对象，如计算机、电视机、电话、人等，而在网页中许多元素也可以成为对象，如网页中插入的图片、一段文字、一个多媒体文件等。

2. 事件

事件（Event）是触发动态效果的原因。对象的事件说明对象可以识别和响应的某些操作行为，如单击、关闭浏览器等。有的事件还和网页相关，如网页下载完毕、网页切换等。对于同一个对象，不同的浏览器支持的事件种类和多少是不一样的，高版本的浏览器（如 IE 6.0）支持更多的事件，然而，如果应用了这些只有高版本浏览器支持的事件，在低版本浏览器中是看不到行为效果的。表 2-1 列举了 Dreamweaver 中经常使用的一些事件。

表 2-1　Dreamweaver 中经常使用的一些事件

事件	说明
onAbort	在浏览器窗口中停止加载网页文档的操作时发生的事件
onMove	移动窗口或者框架时发生的事件
onLoad	选定的对象出现在浏览器上时发生的事件
onResize	访问者改变窗口或帧的大小时发生的事件
onUnLoad	访问者退出网页文档时发生的事件
onClick	用鼠标单击选定元素的一瞬间发生的事件
onBlur	鼠标指针移动到窗口或帧外部，即在这种非激活状态下发生的事件
onDragDrop	拖动并放置选定元素的那一瞬间发生的事件
onDragStart	拖动选定元素的那一瞬间发生的事件
onFocus	鼠标指针移动到窗口或帧上，即激活之后发生的事件
onMouseDown	单击鼠标右键一瞬间发生的事件
onMouseMove	鼠标指针指向字段并在字段内移动
onMouseOut	鼠标指针经过选定元素之外时发生的事件
onMouseOver	鼠标指针经过选定元素上方时发生的事件
onMouseUp	单击鼠标右键，然后释放时发生的事件
onScroll	访问者在浏览器上移动滚动条的时候发生的事件
onKeyDown	当访问者按下任意键时产生
onKeyPress	当访问者按下和释放任意键时产生
onKeyUp	在键盘上按下特定键并释放时发生的事件
onAfterUpdate	更新表单文档内容时发生的事件
onBeforeUpdate	改变表单文档项目时发生的事件
onChange	访问者修改表单文档的初始值时发生的事件
onReset	将表单文档重设置为初始值时发生的事件
onSubmit	访问者传送表单文档时发生的事件
onSelect	访问者选定文本字段中的内容时发生的事件
onError	在加载文档的过程中，发生错误时发生的事件
onFilterChange	运用于选定元素的字段发生变化时发生的事件
Onfinish Marquee	用功能来显示的内容结束时发生的事件
Onstart Marquee	开始应用功能时发生的事件

3. 动作

动作（Action）是行为最终产生的动态效果，也就是让浏览器完成什么功能，如图片的翻转、链接的改变、声音的播放等，Dreamweaver 中常见的动作见表 2 - 2。

例如，对于翻转图片这一行为，可以用三要素来解释：图片（对象），光标放置在其上时（事件），更换为另一张图片（动作）。创建此行为大致经过 3 个步骤（注意前后顺序）：

（1）指定目标浏览器，选择对象（图片）。

（2）添加动作（翻转图片）。

（3）设置事件（OnMouse Over）。

行为三要素可概括成一句话——由于某事件，产生行为。

表 2 - 2　Dreamweaver 中常见的动作

动作种类	说明
交换图像	发生设置的事件后，用其他图像来取代选定的图像
恢复交换图像	在运用交换图像动作之后，显示原来的图片
弹出消息	设置的事件发生之后，显示警告信息
打开浏览器窗口	在新窗口中打开
拖动 AP 元素	允许在浏览器中自由拖动 AP 元素
转到 URL	可以转到特定的站点或者网页文档上
检查表单	检查表单文档有效性的时候使用
调用 JavaScript	调用 JavaScript 特定函数
改变属性	改变选定客体的属性
跳转菜单	可以建立若干个链接的跳转菜单
跳转菜单开始	在跳转菜单中选定要移动的站点之后，只有单击按钮才可以移动到链接的站点上
预先载入图像	为了在浏览器中快速显示图片，事先下载图片之后显示出来
设置框架文本	在选定的框架上显示指定的内容
设置文本域文字	在文本字段区域显示指定的内容
设置容器中的文本	在选定的容器上显示指定的内容
设置状态栏文本	在状态栏中显示指定的内容
显示 - 隐藏 AP 元素	显示或隐藏特定的 AP 元素

2.12.2　Dreamweaver 内置行为

1. 打开浏览器窗口

在网上经常遇到，当打开一个页面时，马上就弹出一个广告窗口。我们把这个广告窗口称为弹出式窗口，其制作方法用到了行为中的"打开浏览器窗口"，具体制作步骤如下：

（1）将鼠标定位于页面最开始位置，然后打开"行为"面板，在行为菜单中选择"打开浏览器窗口"命令，弹出如图 2-360 所示的"打开浏览器窗口"对话框。

（2）分别进行各项内容设置，如打开素材"图片 2.htm"，窗口大小为 300×60，不带任何属性。

（3）单击"确定"按钮，自动返回"行为"面板，并设置事件为 OnLoad，即打开浏览器时自动弹出"图片 2.htm"广告窗口。

范例解析 1——打开浏览器窗口

[学习目标] 掌握打开浏览器窗口的方法。

图 2-360 "打开浏览器窗口"对话框

[素材位置] 素材\欢乐假期\原始。

[效果位置] 素材\欢乐假期\效果。

根据要求使用"打开浏览器窗口"动作在打开当前网页的同时，还可以再打开一个新的窗口，并可以编辑浏览窗口的大小、名称、状态栏、菜单栏等属性。在浏览器中的显示效果如图 2-361 所示。

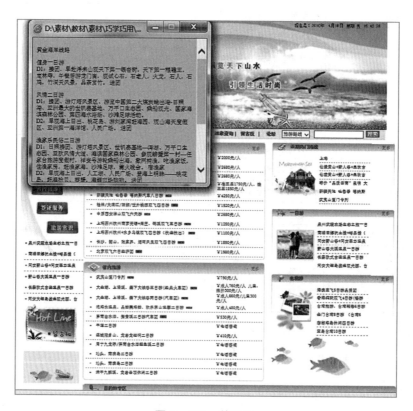

图 2-361 效果图

[操作步骤]

（1）打开素材中的原始文件，如图 2-362 所示。

图 2 - 362　打开原始文件

（2）打开"行为"面板，单击"行为"面板中的 <img> 图标，在弹出菜单中选择"打开浏览器窗口"命令，在对话框中单击"要显示的 URL"文本框右边的"浏览"按钮，在对话框中选择文件，如图 2 - 363 所示。

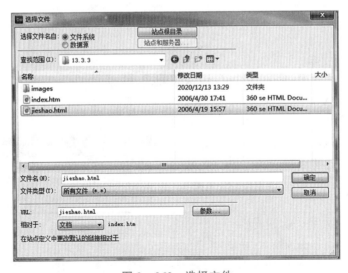

图 2 - 363　选择文件

（3）单击"确定"按钮，添加文件，在"打开浏览器窗口"对话框中将"窗口宽度"设置为 500，"窗口高度"设置为 400，勾选"需要时使用滚动条"复选框，如图 2 - 364 所示。

（4）单击"确定"按钮，添加行为，如图 2 - 365 所示。

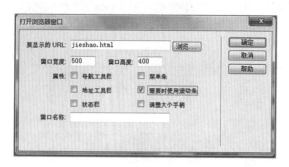

图 2 - 364 "打开浏览器窗口"对话框

图 2 - 365 添加行为

在"打开浏览器窗口"对话框中可以设置以下参数：

- "要显示的 URL"：要打开的新窗口名称。
- "窗口宽度"：指定以像素为单位的窗口宽度。
- "窗口高度"：指定以像素为单位的窗口高度。
- "导航工具栏"：浏览器按钮包括前进、后退、主页和刷新。
- "地址工具栏"：浏览器地址。
- "状态栏"：浏览器窗口底部的区域，用于显示信息。
- "菜单条"：浏览器窗口菜单。
- "需要时使用滚动条"：指定如果内容超过可见区域时滚动条自动出现。
- "调整大小手柄"：指定用户是否可以调整窗口大小。
- "窗口名称"：新窗口的名称。

（5）单击"确定"按钮，按 F12 键即可浏览效果。

提示：如果不指定该窗口的任何属性，在打开时，它的大小和属性与打开它的窗口相同。

2. 设定状态栏文字

设置浏览器状态栏上的文字在 Web 页面上经常可见，利用行为中的"设置文本"｜"设置状态栏文本"命令即可实现这一功能。其操作步骤如下：

（1）将光标定位于页面最开始位置，然后打开"行为"面板，在行为菜单中选择"设置文本"｜"设置状态栏文本"命令，弹出如图 2 - 366 所示的"设置状态栏文本"对话框。

（2）在此输入文字"欢迎光临……"。

（3）单击"确定"按钮，自动返回"行

图 2 - 366 "设置状态栏文本"对话框

为"面板，并设置事件为 OnLoad，即打开浏览器时在浏览器的状态栏自动显示此文字。

范例解析 2——设置状态栏文本（车行天下）

［学习目标］掌握设置状态栏文本的方法。

［素材位置］素材 \ 车行天下 \ 原始。

［效果位置］素材 \ 车行天下 \ 效果。

根据要求进行状态栏文本的设置，在浏览器中的显示效果如图 2 - 367 所示。

[操作步骤]

（1）选择"文件"|"打开"命令，在弹出的对话框中选择素材中的" Chll\clip\ 车行天下网页 \index.html1"文件，单击"打开"按钮打开文件。单击窗口下方"标签选择器"中的 <body> 标签，选择整个网页文档。

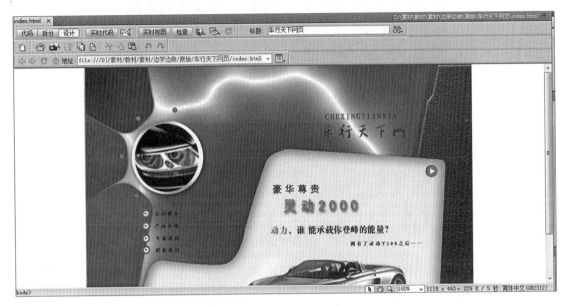

图 2 – 367　效果图

（2）选择"窗口"|"行为"命令，调出"行为"控制面板，单击"添加行为"按钮，在弹出的菜单中选择"设置文本"|"设置状态栏文本"命令，弹出"设置状态栏文本"对话框。在"消息"文本框中输入内容，单击"确定"按钮，如图 2 – 368 所示。在"行为"控制面板中单击"事件"中的下拉按钮，选择"OnLoad"事件。

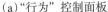

（a）"行为"控制面板

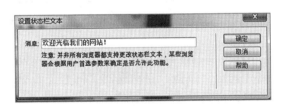

（b）输入文本

图 2 – 368　添加"设置状态栏文本"行为

（3）保存文档，按 F12 键预览效果，状态栏中显示设置的文本，如图 2 – 369 所示。

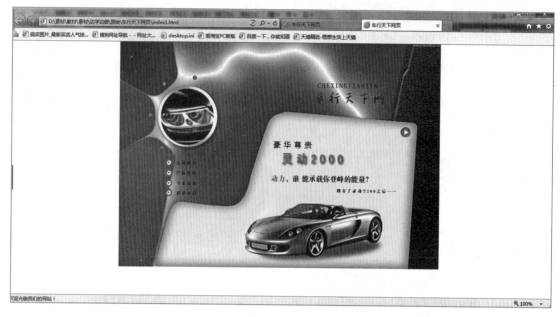

图 2－369　状态栏显示设置的文本

3. 弹出信息框

网页中的某些对象在一定事件下会弹出信息框，如单击按钮后弹出的信息框。信息框用于显示网页制作人员预先输入的信息。信息框弹出后，用户需要单击信息框上的"确定"按钮才能关闭信息框。其操作步骤如下：

（1）选中要应用这个行为的对象，然后打开"行为"面板，在行为菜单中选择"弹出信息"命令，弹出如图 2－370 所示的"弹出信息"对话框。

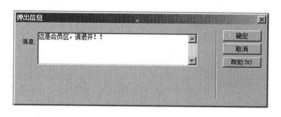

图 2－370　"弹出信息"对话框

（2）在"消息"文本框内，输入文字"这是会员区，请退开!!"。

（3）单击"确定"按钮，自动返回"行为"面板，并设置事件为 OnClick，即当用户单击时，在浏览器中自动弹出提示框。

范例解析 3——弹出信息（美丽女人购物）

［学习目标］掌握弹出信息行为的使用。

［素材位置］素材＼美丽女人购物＼原始。

［效果位置］素材＼美丽女人购物＼效果。

根据要求制作弹出信息行为，在浏览器中的显示效果如图 2－371 所示。

图 2 – 371　效果图

[操作步骤]

（1）选择"文件"|"打开"命令，在弹出的对话框中选择素材中的"美丽女人购物网页\index.htm"文件，单击"打开"按钮打开文件，如图 2 – 372 所示。

图 2 – 372　打开文件

（2）选择左上方的图片，在"属性"面板的"链接"文本框中输入"＃"，制作空链接效果，如图 2 – 373 所示。

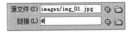

（a）选择图片　　　　　　（b）设置链接

图 2 – 373　制作空链接

（3）选择"窗口"|"行为"命令，调出"行为"控制面板，单击"添加行为"按钮，如图2-374所示。在弹出的菜单中选择"弹出信息"命令，在弹出的对话框中进行设置，如图2-375所示。单击"确定"按钮。

图2-374 "行为"控制面板

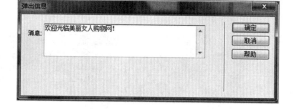

图2-375 添加"弹出信息"

（4）在"行为"控制面板中单击"事件"中的下拉按钮，选择"onMouseOver"事件，如图2-376所示。

图2-376 选择"onMouseOver"事件

（5）保存文档，按F12键预览效果，当光标滑过链接图片时，将弹出提示对话框。

2.12.3 使用JavaScript

JavaScript是Internet上最流行的脚本语言，它存在于全世界所有Web浏览器中，能够增强用户与网站之间的交互。可以使用自己编写的JavaScript代码，或使用网络上免费的JavaScript库中提供的代码。

1. 利用JavaScript函数实现打印功能

下面制作调用JavaScript打印当前页面，制作时先定义一个打印当前页函数printPage()，然后在\<body\>中添加代码OnLoad="printPage()"，当打开网页时调用打印当前页函数printPage()。利用JavaScript函数实现打印功能的具体操作步骤如下：

（1）打开原始文件，如图2-377所示。

图 2-377　打开原始文件

（2）切换到代码视图，在 <body> 和 </body> 之间输入相应的代码，如图 2-378 所示。

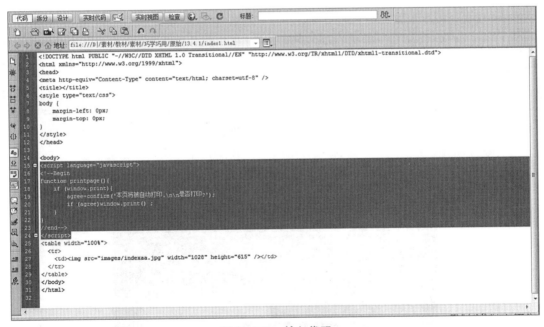

图 2-378　输入代码

```
<script language="JavaScript">
<!-- Begin
function printPage(){
if（window.print）{
agree = confirm（' 本页将被自动打印 . \n\n 是否打印 ?'）;
```

```
if（agree）window.print();
}
}
// End -->
</script>
```

（3）切换到拆分视图，在 <body> 语句中输入代码" onload="printPage()""，如图 2-379 所示。

图 2-379　输入代码

（4）保存文档，按 F12 键在浏览器中预览效果，如图 2-380 所示。

图 2-380　利用 JavaScript 函数实现打印功能

2. 利用 JavaScript 函数实现关闭窗口功能

"调用 JavaScript" 动作允许使用"行为"面板指定一个自定义功能，或当发生某个事件时应该执行的一段 JavaScript 代码。可以自己编写或者使用各种免费获取的 JavaScript 代码。利用"调用 JavaScript"动作制作自动关闭网页效果的具体操作步骤如下：

（1）打开原始文件，如图 2 - 381 所示。

图 2 - 381　打开原始文件

（2）选择"窗口" | "行为"命令，打开"行为"面板，单击"行为"面板上的"添加"按钮，在弹出菜单中选择"调用 JavaScript"，弹出"调用 JavaScript"对话框，在对话框中输入 "window.close()"，如图 2 - 382 所示。

（3）单击"确定"按钮，添加行为，如图 2 - 383 所示。

图 2 - 382　"调用 JavaScript"对话框　　　　　　图 2 - 383　添加行为

（4）保存文档，按 F12 键在浏览器中预览效果，如图 2 – 384 所示。

图 2 – 384　自动关闭网页的效果

课后习题

1. 弹出信息

根据要求进行行为的设置，最终效果如图 2 – 385 所示。

图 2 – 385　效果图

［操作提示］

（1）打开素材中的原文件"index_ori.htm"。

（2）选中"body"标签，添加"行为"——弹出信息，在"弹出信息"文本框中输入"欢迎访问格兰仕网站！"。

（3）选择事件为"OnLoad"。

（4）按 F12 键保存并预览网页。

2. 打开浏览器窗口

根据要求进行行为的设置，最终效果如图 2-386 所示。

图 2-386　效果图

［操作提示］

（1）打开素材中的原文件"index_ori.htm"。

（2）选中"body"标签，添加"行为"——打开浏览器窗口，并设置窗口的宽度和高度，选择是否在弹出窗口中显示导航工具栏、地址工具栏、状态栏、菜单条等。

（3）选择事件为"OnLoad"。

（4）按 F12 键保存并预览网页。

模块三

Flash 动画制作

3.1 Flash 简介

 学习目标

- 了解 Flash 软件。
- 了解 Flash 软件的各种工具栏。
- 了解 Flash 软件的各种面板。

Flash 是 Adobe 公司收购 Macromedia 公司后推出的动画制作软件，它在继承了以前各版本优点的基础上，还增加了丰富的绘图、动画转换和导入等新功能。

3.1.1 Flash 新功能

下面介绍 Flash 的主要功能。

1. Photoshop 文件的导入

Flash 允许用户在其中直接导入 Photoshop 的 PSD 文件，并保留图层、结构等内部信息。Photoshop 中的文本在 Flash 中仍然可以编辑，甚至可以指定发布时的设置，更方便地实现了使用 Flash 与其他各种软件进行协同工作。

2. Illustrator 文件的导入

Flash 可以和 Illustrator 完美地协同工作，通过综合的控制和设置，可以决定导入 Illustrator 文中的哪些层、组或对象以及如何导入它们；可以选择导入的 Illustrator 图层是分别作为 Flash 的独立图层，还是合成一层，或成为一个 Flash 的关键帧。

3. 将动画转换为 ActionScript

Flash 以可视化的方式制作动画，并将动画转换为可重用和易于编辑的 ActionScript 代码。其可以将动画从一个对象复制到另一个对象，将时间轴补间动画即时转换为

ActionScript 3.0 代码，并应用到其他元件中，以节约大量的时间。此外，它还支持如缩放、旋转、倾斜，颜色、滤镜等很多属性。

4. ActionScript 3.0 脚本语言

Flash 还为那些不太熟悉 ActionScript 的用户提供了对 ActionScript 3.0 脚本语言的支持，使开发的效率得到了大幅度提升。该语言改进了性能、增强了灵活性，并且具有更加直观和结构化的开发环境，既可以让新手轻松入门，又可以满足专业程序员的需求（ActionScript 3.0 可以灵活地满足用户的期望和要求）。

5. 高级调试器

全新的 ActionScript 调试器可以在运行时测试脚本语言的正确性和开发内容，此外，还具有极好的灵活性和用户反馈系统，并且 Adobe Flex Builder 2.0 和 Flash AclionScript 3.0 两者相互兼容，因此，在两者之间切换时均保持了一致性。

6. 丰富的绘图工具

Flash 为用户提供了更好的绘图工具，使用新基本绘图工具以可视化方式修改组件的外观，在舞台上调整形状的属性，而不需要再进行编码，可以更容易地调整矩形的圆角或创建饼状图等。此外，在使用分割方式时，用户可以在舞台上即时看到缩放后的效果。

7. Adobe Device Central

在 Adobe 推出的新套装 Adobe Creative Suite 3 中加入了 Adobe Device Central，用它可以设计、预览和测试移动设备内容，包括可以测试交互式 Adobe Flash Lite 应用程序和界面。

8. 高级的 Quick Time 导出

高级 Quick Time 导出器可以将在 SWF 文件中发布的内容渲染为 Quick Time 视频，导出包含嵌套的 MovieClip 的内容、ActionScript 生成内容和运行时效果（如投影和模糊等）的视频文件等。

9. 复杂的视频工具

新 Flash Video 可以使用全面的视频支持，并能创建、编辑部署流和渐进式下载等，并使用独立的视频编码器、Alpha 通道支持、高质量视频编解码器、嵌入的提示点、视频导入支持、Quick Time 导入和字幕显示等，以确保获得最佳的视频质量和功能。

10. 省时编码工具

新的代码编辑器增强了编程功能且节省了编码时间，既可以使用代码折叠和注释功能对相关代码进行操作，也可以使用错误导航功能跳转到代码错误之处。

3.1.2 Flash 的工作界面

Flash 的工作界面非常友好，包括标题栏、菜单栏、主工具栏、工具箱、时间轴、舞台、属性面板以及一些常用的浮动面板等，如图 3-1 所示。

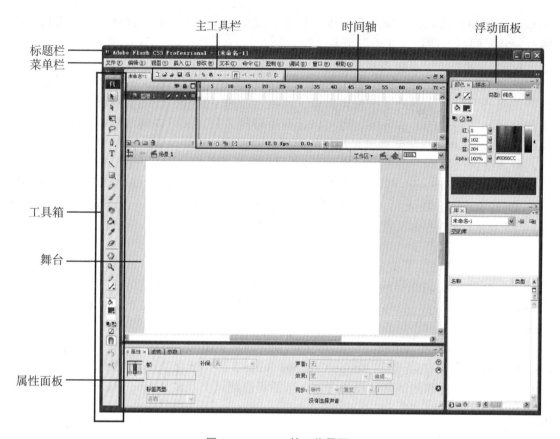

图 3-1　Flash 的工作界面

1. 菜单栏

菜单栏位于标题栏的下方，包含 Flash 的大部分操作命令，主要有"文件""编辑""视图""插入""修改""文本""命令""控制""调试""窗口""帮助"等，如图 3-2 所示。

图 3-2　菜单栏

- "文件"菜单：管理动画的操作，常用的有新建、打开、保存、导入和导出等。
- "编辑"菜单：动画的编辑操作，如复制、粘贴、剪切等。
- "视图"菜单：主要控制动画的显示效果，如放大、缩小等。
- "插入"菜单：向动画中插入元件、图层、帧与场景等。
- "修改"菜单：对动画进行各项修改，包括变形、排列、对齐以及对时间轴、元件、位图和文档的修改等。
- "文本"菜单：对文本的属性进行编辑，包括字体、大小、样式和对齐方式等。
- "命令"菜单：管理和运行通过"历史"面板保存的命令。
- "控制"菜单：控制影片的播放。
- "调试"菜单：调试影片。

- "窗口"菜单：控制各种面板的显示和隐藏，包括浮动面板、时间轴和工具栏等。
- "帮助"菜单：提供 Flash 的各种帮助信息。

2. 主工具栏

主工具栏一般位于菜单栏的下方，也可根据自己的喜好改变它的位置，如图 3-3 所示。它包含了一些常用命令的快捷按钮，如"新建""打开""保存""复制""粘贴""打印"等，如图 3-3 所示。

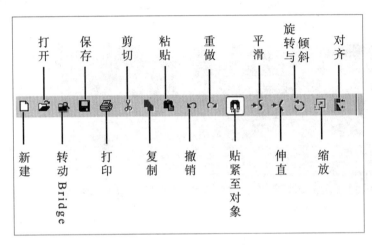

图 3-3　主工具栏

- "新建"按钮：新建一个 Flash 文件。
- "打开"按钮：打开一个已经存在的 Flash 文件。
- "转到 Bridge"按钮：用于组织并浏览 Flash 和其他创新资源。
- "保存"按钮：保存当前编辑的文件。
- "打印"按钮：打印当前编辑的内容。
- "剪切"按钮：将选定的内容剪切至系统剪贴板中，删除原内容。
- "复制"按钮：将选定的内容复制到系统剪贴板中，保留原内容。
- "粘贴"按钮：将系统剪贴板中的内容粘贴到当前选定的位置。
- "撤销"按钮：撤销前面对对象的操作。
- "重做"按钮：恢复被撤销的操作。
- "贴紧至对象"按钮：使调整对象时准确定位，设置动画时路径自动吸附。
- "平滑"按钮：使选中的曲线或图形更加平滑，多次单击具有累积效果。
- "伸直"按钮：使选中的曲线或图形更加平直，多次单击具有累积效果。
- "旋转与倾斜"按钮：可以使对象旋转和倾斜。
- "缩放"按钮：改变舞台中对象的大小。
- "对齐"按钮：调整舞台中多个选定对象的齐方式和相对位置。

3. 舞台和工作区

舞台是图形的绘制和编辑区域，是用户在创作时观看自己作品的场所，也是用户对动画中的对象进行编辑、修改的场所。舞台位于工作界面中间，可以在整个场景中绘制或编辑图形，但最终动画仅显示场景白色区域中的内容，而这个区域就是舞台。

　　舞台之外的灰色区域称为工作区，在动画播放时此区域不显示，如图3－4所示。工作区通常用作动画的开始和结束点设置，即动画过程中对象进入舞台和退出舞台的位置设置。

　　舞台是进行创作的重要工作区域，在舞台中可以放置的内容包括矢量图、文本框、按钮、导入的位图图形或视频剪辑等。工作时，可以根据需要改变舞台的属性和形式。工作区中的对象除非进入舞台，否则不会在影片的播放中看到。

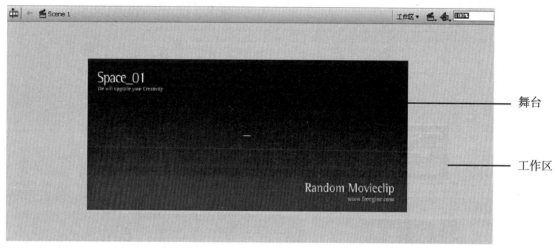

图3－4　舞台和工作区

　　4."动作"面板

　　Flash以面板形式提供了大量的操作选项，通过一系列的面板可以编辑或修改动画对象。在Flash中有很多面板，默认状态下，在舞台正下方有4个比较常用的浮动面板，分别是"动作"面板、"属性"面板、"滤镜"面板和"参数"面板。可以将这些面板分离到工作窗口中，方法是单击面板名称部分后，直接拖动鼠标到舞台即可。

　　拖动面板可将面板独立出来，成为窗口显示模式。展开面板后，单击右上角的"关闭"，即可将面板关闭。如果想再次打开面板，选择"窗口"命令中的相关命令即可。如果想回到默认时的面板布局状态，则可选择"窗口"|"工作区"|"默认"命令。

　　"动作"面板是最常用的面板之一，是动作脚本的编辑器，如图3－5所示。

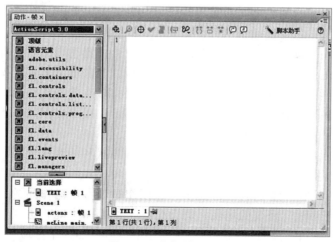

图3－5　"动作"面板

在 Flash 中将 "属性" 面板、"滤镜" 面板和 "参数" 面板放置在同一个面板中显示
组成一个面板组，选择其相应的选项卡，即可切换到相应的面板，如图 3 - 6 所示。

图 3 - 6 "属性 / 滤镜 / 参数" 面板组

（1）"属性" 面板。

面板可以很方便地查看场景或时间轴上当前选定项的常用属性，从而简化文档的创
建过程。另外，它还可以更改对象或文档的属性，而不必选择包含这些功能的菜单命令。

（2）"滤镜" 面板。

面板中包括各种滤镜效果（如投影、模糊等），如果为文本、按钮和影片剪辑增添这
些滤镜效果，则可以产生多种视觉效果，还可以启用、禁用或删除滤镜。

（3）"参数" 面板。

面板用于设置组件的参数（在 Flash 中，组件是带参数的影片剪辑，允许修改其外观
和行为，专门由 "组件" 面板管理）。

5. 常用面板

除上述面板外，还有一些常用面板，如 "库" 面板、"颜色" 面板、"样本" 面板、
"对齐" 面板等。

（1）"库" 面板。

选择 "窗口" | "库" 命令或按 Ctrl + L 组合键，即可打开 "库" 面板，如图 3 - 7 所
示，在其中可以方便快捷地查找、组织以及调用库中的资源，而且还显示了动画中数据
项的许多信息。库中存储的元素称为元件，可以重复利用。

（2）"颜色" 面板。

选择 "窗口" | "颜色" 命令，即可打开 "颜色" 面板，如图 3 - 8 所示，可以创建和
编辑纯色及渐变填充，调制大量的颜色，以设置笔触、填充色以及透明度等。如果已经
在舞台中选定对象，则在 "颜色" 面板中所做的颜色更改会直接应用到对象中。

图 3 - 7 "库" 面板

图 3 - 8 "颜色" 面板

（3）"样本"面板。

选择"窗口"|"样本"命令，即可打开"样本"面板，可以快速选择要使用的颜色，如图 3 - 9 所示。

（4）"对齐"面板。

选择"窗口"|"对齐"命令或按 Ctrl + K 组合键，即可打开"对齐"面板。该面板分为相对于舞台、对齐、分布、匹配大小和间隔 5 个区域，可以重新调整选定对象的对齐方式和分布，如图 3 - 10 所示。

图 3 - 9　"样本"面板

图 3 - 10　"对齐"面板

（5）"变形"面板。

选择"窗口"|"变形"命令或按 Ctrl + T 组合键，即可打开"变形"面板，可以对选定对象执行缩放、旋转、倾斜和创建副本的操作，如图 3 - 11 所示。

（6）"组件"面板。

选择"窗口"|"组件"命令或按 Ctrl + F7 组合键，即可打开"组件"面板，如图 3 - 12 所示。将"组件"拖动到舞台上，即可创建该"组件"的一个实例。选择"组件"实例，可以在"组件"面板中查看"组件"属性和设置"组件"实例的参数。

图 3 - 11　"变形"面板

图 3 - 12　"组件"面板

6. "场景"面板

在 Flash 中除常用面板外，还提供了一些其他面板（如辅助功能、场景、历史记录等）。一个动画可以由多个场景组成，在"场景"面板中显示了当前动画的场景数量和先后播放顺序。当动画包含多个场景时，将按照其在"场景"面板中出现的先后顺序进行播放，动画中的"帧"是按"场景"顺序连续编号的。

选择"窗口"|"其他面板"|"场景"命令，即可打开"场景"面板，如图 3 - 13 所示。

单击面板下面的 3 个按钮可执行"复制""添加""删除"场景等操作；双击场景名称可以对被选中的场景重新命名；上下拖动被选中的场景，可以调整"场景"的先后顺序。

7. "历史记录"面板

选择"窗口"|"其他面板"|"历史记录"命令，即可打开"历史记录"面板，如图 3 - 14 所示，其中记录了自创建或打开某个文档之后，在该活动文档中执行的步骤列表，列表中数目最多为指定的最大步骤数。该面板不显示在其他文档中执行的步骤，其中的滑块最初指向当前执行的上一个步骤。

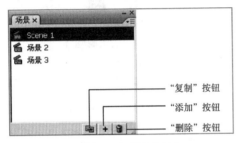

"复制"按钮
"添加"按钮
"删除"按钮

图 3 - 13 "场景"面板

图 3 - 14 "历史记录"面板

3.2 常用工具的使用

学习目标

● 学会使用常用绘图工具。

要使用 Flash 制作出精美的动画，首先应掌握如何绘制对象以及如何编辑对象，而这些工作均要通过"工具"面板中所提供的工具来实现。

3.2.1 "线条"工具

"线条"工具可绘制各种各样的直线段。"线条"工具的使用方法如下：

（1）选择"工具"面板中的"线条"工具。

（2）在"属性"面板中为"线条"工具选择线条颜色。

（3）在舞台中单击鼠标并拖动，绘制直线段。

3.2.2 "椭圆"工具

用"椭圆"工具可绘制椭圆和圆。"椭圆"工具的使用方法如下：

（1）选择工具面板中的"椭圆"工具。

（2）在"属性"选项卡中为"椭圆"工具选择线条颜色和填充颜色。

（3）在舞台中单击鼠标并拖动，绘制椭圆，如图 3 - 15 所示。

图 3 - 15　绘制椭圆

选择"椭圆"工具后，在"属性"选项卡的"起始角度"和"结束角度"数值框中设置不同的数值，可绘制饼图，如图 3 - 16 所示。在"内径"数值框中设置不同的数值，可绘制圆环，如图 3 - 17 所示。

图 3 - 16　绘制饼图

图 3 - 17　绘制圆环

3.2.3 "矩形"工具

"矩形"工具可以绘制方角或圆角的矩形和正方形。"矩形"工具的使用方法如下：

（1）选择工具面板中的"矩形"工具，此时"属性"面板如图 3 - 18 所示。

（2）单击"属性"面板中的"笔触颜色"按钮 ，打开如图 3 - 19 所示的窗口，从中单击某一个颜色块，为"矩形"工具选择线条颜色。

（3）单击"填充色" 按钮，打开如图 3 - 20 所示的窗口，从中单击某一个颜色块，选择填充颜色。

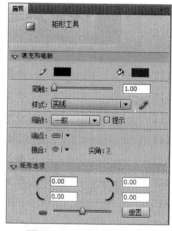

图 3 - 18　"属性"面板

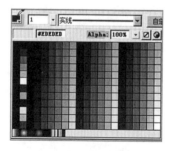

图 3 - 19　选择线条颜色

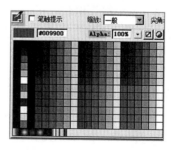

图 3 - 20　选择填充颜色

3.2.4 "多角星形"工具

"多角星形"工具可以绘制多边形和星形。"多角星形"工具的使用方法如下：

（1）选择工具面板中的"多角星形"工具。

（2）在"属性"面板中为"多角星形"工具选择线条颜色和填充颜色。

（3）在舞台中单击鼠标并拖动，绘制多边形，如图 3-21、图 3-22、图 3-23 所示。

图 3-21 绘制多角星形　　图 3-22 设置多边形属性　　图 3-23 绘制星形

3.2.5 "钢笔"工具

使用"钢笔"工具绘制线条时，将创建一系列的线段与锚点。线段既可以是直线段，也可以是曲线段；锚点既可以是直线锚点，也可以是曲线锚点。利用"钢笔"工具绘制线条的方法如下：

（1）选择工具面板中的"钢笔"工具。

（2）在"属性"面板中为"钢笔"工具选择线条颜色。

（3）在舞台上单击鼠标，创建第一个锚点（直线锚点）。

（4）将鼠标指针移动一段距离后再次进行单击，创建第二个直线锚点，可得到直线段，如图 3-24 所示。

（5）继续移动鼠标指针，然后单击鼠标并拖动，可创建曲线锚点，得到曲线段，如图 3-25 所示。

图 3-24 单击创建直线锚点　　　　图 3-25 单击并拖动创建曲线锚点

（6）重复步骤（4）和（5）的操作，最后双击鼠标，完成线条的绘制。

提示：将鼠标指针移至第一个标记点上，单击即可创建闭合的线条，如图 3-26 所示。

3.2.6 "填充"工具

Flash 提供了两种填充工具，即"墨水瓶"工具、"颜料桶"工具。利用填充工具，可改变矢量图形的填充内容。

1. "墨水瓶"工具

"墨水瓶"工具可以改变线条或者形状轮廓的笔触颜色、

图 3-26 单击可闭合线条

宽度和样式。"墨水瓶"工具的使用方法如下：

（1）利用"椭圆"工具绘制圆。

（2）选择工具面板中的"墨水瓶"工具。

（3）在"属性"面板中选择笔触颜色。

（4）在圆的边缘单击鼠标，改变笔触颜色，如图 3 - 27 所示。

2."颜料桶"工具

"颜料桶"工具可以用颜色填充图形。"颜料桶"工具的使用方法如下：

（1）利用"矩形"工具绘制矩形，如图 3 - 28 所示。

（2）选择工具面板中的"颜料桶"工具。

（3）在"属性"面板中选择填充颜色。

（4）在矩形的封闭区域内单击鼠标，改变填充颜色。

图 3 - 27　改变笔触颜色

图 3 - 28　绘制矩形

3.3　图形的编辑

 学习目标

● 学会图形的基本编辑，包括图形的选择、移动、复制等操作。

3.3.1　选择图形

Flash 提供了两种工具用于选择图形的工具，即"选择"工具和"套索"工具。其中，"选择"工具既适用于合并绘制模式所绘制的图形，也适用于对象绘制模式所绘制的图形；"套索"工具只适用于合并绘制模式所绘制的图形。

1."选择"工具

利用"选择"工具选择图形的方法如下：

（1）在合并绘制模式下，利用绘图工具在舞台中绘制图形，这里绘制一个矩形方块。

（2）选择工具面板中的"选择"工具。

（3）如果想要选择图形的填充内容，用鼠标在填充内容上单击，如图 3 - 29 所示。

（4）如果想要选择图形的线条，用鼠标在线条上单击，如图 3 - 30 所示。

图 3 - 29　单击选择图形的填充内容

图 3 - 30　单击选择图形的线条

2. "套索"工具

利用工具面板中的"套索"工具，可以选择整个图形或者部分图形。需要注意的是，"套索"工具只适用于合并绘制模式所绘制的图形。利用"套索"工具选择图形的方法如下：

（1）利用"绘图"工具绘制椭圆。

（2）选择工具面板中的"套索"工具。

（3）将鼠标指针移至舞台中，单击鼠标并拖动进行选择，如图 3 - 31 所示。放开鼠标，Flash 会自动闭合选区，如图 3 - 32 所示。

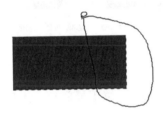
图 3 - 31　单击鼠标并拖动

图 3 - 32　图形被选中

3.3.2　移动图形

若要移动图形，可以利用工具面板中的"选择"工具。利用"选择"工具移动图形的操作方法如下：

（1）在对象绘制模式下绘制图形，如图 3 - 33 所示。

（2）选择工具面板中的"选择"工具。

（3）用鼠标单击图形并拖动，移到新的位置，如图 3 - 34 所示。

图 3 - 33　绘制图形

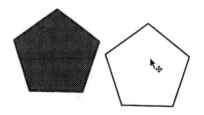
图 3 - 34　单击图形并拖动到新位置

3.3.3　复制和粘贴图形

可以利用菜单命令来复制、粘贴图形，还可利用"选择"工具对图形进行复制操作。

1. 利用菜单命令复制、粘贴图形

具体方法如下：

（1）选择舞台中的图形。

（2）选择"编辑"|"复制"命令，复制图形。

（3）选择"编辑"|"粘贴到中心位置"命令，粘贴图形。

2. 利用"选择"工具复制、粘贴图形

具体方法如下：

（1）在对象绘制模式下绘制图形。

（2）选择工具面板中的"选择"工具。

（3）按住 Ctrl 键，用鼠标单击图形并拖动，移到新的位置，如图 3-35 所示。

（4）释放鼠标并松开 Ctrl 键，完成复制操作，如图 3-36 所示。

图 3-35　按住 Ctrl 键并拖动鼠标到新位置　　　　图 3-36　复制后的图形

3.3.4　图形的叠放

Flash 会根据图形的创建顺序层叠对象，最先创建的图形位于最底部，最后创建的图形位于最上面。

调整图形叠放次序的方法如下：

（1）在对象绘制模式下绘制两个图形，并选择其中一个图形，如图 3-37 所示。

（2）选择"修改"|"排列"|"下移一层"命令，如图 3-38 所示。

图 3-37　选择一个图形　　　　　　　图 3-38　将所选图形移至下面

3.3.5　图形的组合

如果需要，可将图形组合在一起，作为一个整体来处理。对于组合后的图形，可取消其组合。组合图形的方法如下：

（1）在舞台中绘制图形，并选中图形，如图 3-39 所示。

（2）选择"修改"|"组合"命令，即可组合图形，如图 3-40 所示。

图 3-39　绘制并选择图形　　　　　　图 3-40　组合后的图形

（3）如果要取消组合，选择组合后的图形，单击"修改"|"取消组合"命令即可。

3.3.6 图形的对齐

利用"对齐"面板可以使所选图形水平或垂直对齐，可以使选定图形的右边缘、中心或左边缘垂直对齐对象，或者上边缘、中心或下边缘水平对齐对象。

对齐图形的方法如下：

（1）在对象绘制模式下绘制 3 个图形，并选择全部图形，如图 3-41 所示。

（2）选择"窗口"|"对齐"命令，打开"对齐"选项卡，如图 3-42 所示。

图 3-41　选择要对齐的图形

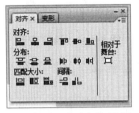

图 3-42　"对齐"面板

（3）在"对齐"选项卡中，单击某一对齐按钮，即可按某一方式对齐图形，如图 3-43 所示为单击"上对齐"按钮后的对齐效果。

图 3-43　上对齐的效果

利用工具面板中的"任意变形"工具，可以对图形进行各种变形操作。除了"任意变形"工具之外，还可选择"修改"|"变形"子菜单中的命令对图形进行变形操作。

3.3.7 翻转图形

利用"垂直翻转"命令或"水平翻转"命令可以沿垂直或水平轴方向翻转图形，而不改变其在舞台上的相对位置。翻转图形的方法如下：

（1）绘制并选择图形。

（2）选择"修改"|"变形"子菜单中的"垂直翻转"命令或"水平翻转"命令，如图 3-44 所示。

选择图形

垂直翻转后的图形

水平翻转后的图形

图 3-44　翻转图形

3.3.8 任意变形

"任意变形"工具可对图形实现变形操作，包括缩放、旋转、倾斜和扭曲。利用"任意变形"工具对图形进行变换的方法如下：

（1）利用工具面板中的绘图工具绘制图形。

（2）选择工具面板中的"任意变形"工具。

（3）在舞台中选择图形，进入任意变形状态，如图3－45所示。

（4）将鼠标移至矩形的角上，单击鼠标并拖动，可进行缩放操作，如图3－46所示。

图3－45　绘制图形

图3－46　缩放图形

（5）将鼠标移至矩形的角上，指针变为 ↻，单击鼠标拖动，可进行旋转操作，如图3－47所示。

（6）当鼠标移至矩形的边上，指针变为 ⇐，单击鼠标并拖动，可进行倾斜操作，如图3－48所示。

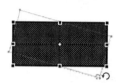

图3－47　旋转图形

图3－48　倾斜图形

（7）按住Ctrl键，将鼠标移至矩形的角上，指针变为 ▷，单击鼠标并拖动，可进行扭曲操作，如图3－49所示。

图3－49　扭曲图形

（8）要结束变形操作，单击所选图形的外部即可。

3.3.9　封套命令

利用"封套"命令，可灵活变形与扭曲图形。封套是一个边框，更改封套的边框，将影响封套中图形的形状。

利用封套命令变换图形的方法如下：

（1）绘制并选择图形，如图3－50所示。

（2）选择"修改"|"变形"|"封套"命令，进入封套状态，如图3－51所示。

图3－50　选择图形

图3－51　进入封套状态

（3）用鼠标拖动点和切线手柄，从而修改封套，如图 3 - 52 所示。
（4）在图形外部单击鼠标，退出封套状态。

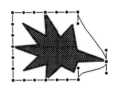

图 3 - 52　修改封套

课后习题

绘制汽车角色——美丽田园
根据要求使用绘图工具绘制汽车角色，最终效果如图 3 - 53 所示。

图 3 - 53　效果图

［操作提示］
（1）打开素材"car_ori.fla"。
（2）使用"铅笔工具""椭圆工具""矩形工具"绘制汽车图形。
（3）使用"颜料桶工具"和"渐变变形工具"进行颜色的填充。
（4）使用"缩放工具"调整图形大小和位置。
（5）按 Ctrl+Enter 组合键测试动画效果。

3.4　动画制作基础

学习目标
● 学会导入图像。
● 学会使用图层。

　　在制作动画之前，首先应了解应用 Flash 制作动画的基本概念，如导入图像、层及元件的使用等。

3.4.1 导入图像

在 Flash 动画中，除了可以利用工具箱的绘图工具创建图形和文本外，还可以从外部将现有的各种类型图形导入到 Flash 中，包括位图图像和矢量图形。导入的位图图像还可以矢量化后再加以利用，这为填充颜色和创建图案效果提供了便利条件。

1. 导入图形图像

Flash 允许从外部导入多种位图图像和矢量图形文件格式，其操作步骤如下：

（1）选择"文件"|"导入"|"导入到舞台"命令，打开"导入"对话框，如图 3-54 所示，在此定位并选中需要导入的图片文件。

图 3-54 "导入"对话框

（2）单击"打开"按钮，将图像导入到舞台中，如图 3-55 所示。如果导入的是图像序列中的某一个文件，并且该序列中的其他文件都位于相同的文件夹中（例如，wsq 文件夹下共有 10 个图片文件，文件名分别为 wl.jpg、w2.jpg、…、wl0.jpg，现导入 w5.jpg 文件），则 Flash 会自动将其识别为图像序列，并提示是否导入图像序列，如图 3-56 所示。单击"是"按钮，将导入图像序列中从导入文件起至终的所有文件（即 w5.jpg ～ wl0.jpg，共 6 个文件）；单击"否"按钮将只导入当前制定的文件。

被导入到 Flash 中的图像序列在场景中显示的只是选中的图像（即 w5.jpg），其他图像则没有被显示出来，这时如果要使用其他图像，可以选择"窗口"|"库"命令，打开"库"控制面板，在"库"控制面板中选择需要的图像，直接拖到舞台上即可。

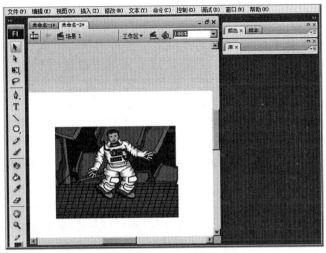

图 3 - 55　被导入的图像

图 3 - 56　图片序列提示对话框

2. 转换位图图像为矢量图形

　　导入到 Flash 中的图像只有经过矢量化后才能进行操作和编辑。Flash 中实现矢量化位图功能的方法是分析组成位图的像素，将近似的颜色划在一个区域，然后在这些颜色区域的基础上建立矢量图形。

　　将位图图像转换为矢量图形的操作步骤如下：

　　（1）选择"文件"|"导入"|"导入到舞台"命令，打开"导入"对话框，在此定位并选中需要导入的图片文件。

　　（2）选择"修改"|"位图"|"转换位图为矢量图"命令，打开"转换位图为矢量图"对话框，如图 3 - 57所示。

图 3 - 57　"转换位图为矢量图"对话框

　　（3）单击"确定"按钮，将产生如图 3 - 58 所示的转换进度对话框，表示图片正在转换中。图形文件越复杂，花费的时间就越多。转换后，效果如图 3 - 59 所示。

图 3 - 58　转换进度对话框

图 3 - 59　转换后的图像效果

3.4.2 层的使用

层是 Flash 中一个最基础的概念，可以把层理解为相互堆叠在一起的许多透明的薄纸，当图层上没有任何东西的时候，可以透过上边的图层看到下边的图层。在最上边一层里的对象将始终被显示在下面的层所包含的对象的上边。

新创建的影像只有一个图层。可以增加多个图层，并利用图层来组织和安排影像中的文字、图像和动画。但层的数目受计算机内存的限制，并且增加层不会增加最终输出动画文件的大小。

使用层有许多好处，为处理复杂场景及动画提供了许多便利的条件，如通过将不同的元素（图像或声音）放置在不同的层上，用户就很容易用不同的方式对动画进行定位、分离和重排序等操作。层使用户能够对动画的特定区域进行处理而不影响其他部分，并且不会被其他层上的对象所干扰。使用层还可以避免偶然删除或编辑一个对象。

1. 创建层

每次新建一个 Flash 文件时，在默认的情况下只有一个图层（称为图层1）。若要增加一个图层，可选择"插入"|"时间轴"|"图层"命令，或单击图层编辑区左下方的图标，即可在当前编辑的图层上方插入一个新的图层，如图 3-60 所示。

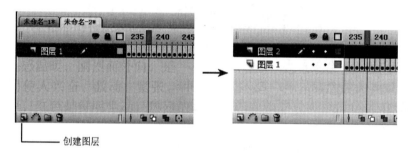

创建图层

图 3-60　创建一个新图层

2. 层的状态与编辑层

在如图 3-61 所示的图片中，有一些代表图层状态的图标，显示了图层的各种状态：

● 带铅笔图标的图层代表绘图状态，表明该层正处于活动状态，即当前层，可以进行各种操作；若该层被隐藏或锁定了，此时铅笔图标将带叉，表明不能对该层进行任何修改。

● 带红色叉子图标的图层代表隐藏层，表明在编辑的时候，该层的内容是看不见的，但在测试和输出时却是看得见的。因此当编辑某个层而不想被其他层干扰时，就可以使用该功能隐藏其他层。

● 带锁图标的图层代表锁定图层，表明该层处于锁定状态，不能对层的内容进行修改。因此将某个层锁定后，不必担心因为误操作而修改该层的内容。

● 带轮廓图标，这是一个图片的图层，代表该层的内容以轮廓形式显示，当要同时编辑多个层时，使用轮廓显示模式可以更方便工作。

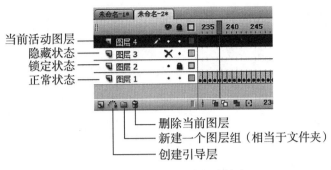

当前活动图层
隐藏状态
锁定状态
正常状态

删除当前图层
新建一个图层组（相当于文件夹）
创建引导层

图 3 - 61　图层的各种状态

3. 层的属性设置

在任意一个层上右击，然后从弹出的菜单中选择"属性"命令，即可打开如图 3 - 62 所示的"图层属性"对话框。

在"图层属性"对话框中可以设置以下参数：

（1）名称：图层的名称，可以在后面的文本框输入一个层的名称。若要快速重命名图层，只需双击该图层的名字，当高亮显示文字时直接输入新的名称，最后按Enter 键即可。

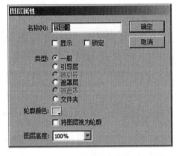

图 3 - 62　"图层属性"对话框

● "显示"：设置层里的内容是否显示在场景中。

● "锁定"：设置是否可以编辑层里的内容。

（2）类型：图层的类型。

● "一般"：设置该层为一般层，这是默认的图层类型，一般是在这样的图层上进行绘画和处理对象的。

● "引导层"：设置该层为运动引导层，这种类型的层能引导与之相连接的任意层中的过渡动画。

● "被引导"：设置该层为被引导层，意思是被连接到运动引导层。只有当该层在运动引导层或另一个被连接的被引导层正下方时，该选项才可用。

● "遮罩层"：允许用户把当前层类型设置成遮罩层。这种类型的层将遮掩与之相连接的任何层上的对象。

● "被遮罩"：设置当前层为被遮罩层，即必须连接到一个遮罩层上。只有该层在运动引导层或另一个连接的被引导层正下方时，该选项才可用。

● "文件夹"：设置当前层为文件夹形式，将清除该层所包含的全部内容。

（3）轮廓颜色：图层的外框颜色，用于设置该层上对象轮廓的颜色。

● "将图层视为轮廓"：使用轮廓模式查看图层。

● 单击可更改当前轮廓颜色。

（4）图层高度：设置层的高度，这个选项对于更细致地查看声音的波形是非常有用的，有 100%、200% 和 300% 3 种高度。

3.5 帧与时间轴

学习目标

- 了解帧的概念及种类。
- 学会创建不同种类的帧。
- 了解不同种类的动画形式。

3.5.1 帧的概念

影片是由一幅幅画面连续播放形成的，影片中的单幅画面被称为帧（Frame，即画面）。影片的播放速度以帧/秒为单位，即每秒播放的帧数（帧/秒，fps）。一般电视播放影片的速度为24帧/秒，即每秒播放24幅画面。

3.5.2 时间轴和时间轴面板

Flash通过时间轴面板来设置帧（即每幅画面）的播放顺序和占用时间。图3-63所示为时间轴面板。时间轴面板中左侧对应图层操作，右侧对应时间轴。时间轴面板的图层可以用来安排帧的空间顺序，时间轴可以用来安排帧的播放顺序。

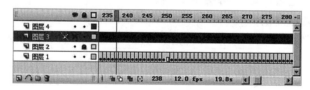

图3-63　时间轴面板

3.5.3 帧的分类

帧的类型有帧、关键帧、空白关键帧。如图3-64所示为时间轴面板中不同种类的帧的显示状态。

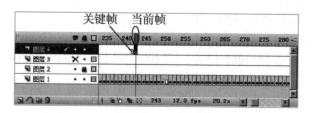

图3-64　不同种类的帧的显示状态

- 帧：在时间轴上没有任何显示，说明当前位置没有画面。在关键帧后面建立帧，可以延续显示前一关键帧的内容。例如，需要显示目标关键帧的内容为25帧长度，那么在该帧后面的25帧处插入一个帧，即可连续显示该帧内容到该处。

- 关键帧：在时间轴上用黑色实心点表示，说明当前帧的画面有内容。
- 空白关键帧：在时间轴上用空心点表示，表示当前帧为空白画面。

3.5.4 帧的显示状态

在 Flash 中通过帧在时间轴上的显示情况，可以判断动画的类型以及动画中存在的问题。

补间动画分为动画补间和形状补间，在时间轴上显示为通过黑色箭头连接的两个关键帧。动画补间在时间轴上以蓝色背景显示；形状补间在时间轴上以绿色背景显示。创建补间动画时，虚线表示两个关键帧之间无法创建补间动画。

如在空白关键帧或关键帧上有一个小写字母 a，则表示这一帧中含有命令程序（即动作 Action），当影片播放到这一帧时会执行相应的命令程序。在关键帧上有一个小红旗，表示这一帧含有标签，小红旗后面为标签名称。

3.5.5 Flash 动画的种类

Flash 包含两种动画类型，分别是逐帧动画和补间动画。

1. 逐帧动画

逐帧动画也称为"帧－帧"动画，它需要制作好每一连续动作的关键帧画面，然后通过连续播放这些帧，生成动画效果，这也是传统动画的制作方法。逐帧动画在时间轴上的显示状态如图 3－65 所示。逐帧动画多用来创建连续的细腻动作，如人物行走、奔跑和跳跃等。

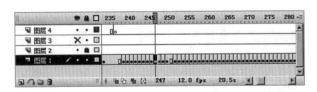

图 3－65　逐帧动画在时间轴上的显示

2. 补间动画

补间动画是在两个关键帧间由 Flash 通过计算生成中间各帧，使画面从前一关键帧平滑过渡到后一关键帧。

补间动画又分为动画补间和形状补间：

（1）动画补间可以制作出放大、缩小、旋转、沿特定路径运动等效果。

（2）形状补间可以制作出放大、缩小、位置移动、颜色变化以及形状变化等效果。

3.5.6 帧的相关操作

帧是构成 Flash 动画的基本单位，因此掌握帧的相关操作是重点学习内容。空白关键帧是一幅空白画面，为添加内容提供空间。

新建 Flash 文件后，会自动在时间轴第一帧处创建一个空白关键帧，如图 3－66 所示。

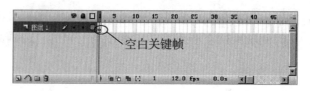

图 3 - 66　空白关键帧

创建空白关键帧的操作步骤如下：

（1）移动鼠标指针到时间轴上需要建立空白关键帧的位置，如图 3 - 67 所示，然后单击鼠标。

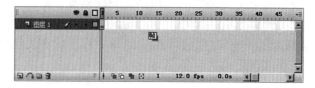

图 3 - 67　创建空白关键帧

（2）按 F7 键插入空白关键帧，结果如图 3 - 68 所示。

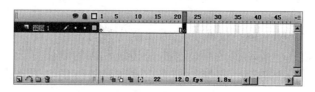

图 3 - 68　插入空白关键帧

提示：可以选择"插入"|"时间轴"|"空白关键帧"命令，插入空白关键帧。还可以将鼠标指针移至时间轴上需要插入空白关键帧的位置，右击，在弹出的菜单中选择"插入空白关键帧"命令。

3.5.7　创建关键帧

创建关键帧是制作动画的基本操作，单位时间内的关键帧越多，动画效果越细腻。创建关键帧的操作步骤如下：

（1）选择"文件"|"新建"命令，新建一个文件。

（2）在第一空白关键帧所在舞台区中添加一些内容（如使用绘画工具画出的一些形状），空白关键帧就会自动转换成关键帧。如图 3 - 69 所示为空白关键帧转换的关键帧。

同样，在时间轴面板的其他位置创建空白关键帧，在其中添加内容也可建立关键帧。

提示：单击时间轴中需要创建关键帧的位置，然后选择"插入"|"时间轴"|"关键帧"命令，可以创建关键帧。还可在时间轴上需要创建关键帧的位置右击，在弹出菜单中选择"插入关键帧"命令创建关键帧。单击时间轴上需要创建关键帧的位置，按 F6 键也可创建关键帧。

只有在上一帧为关键帧时，使用"插入关键帧"命令插入的才是关键帧，否则插入的是空白关键帧。插入关键帧实质上是对上一关键帧内容的复制。

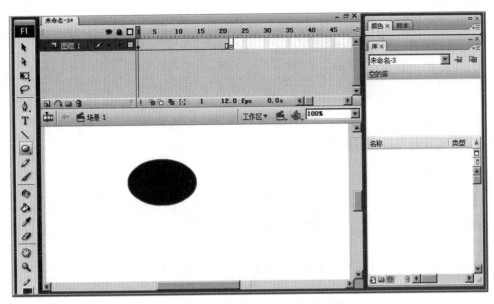

图 3 - 69　空白关键帧转换的关键帧

3.5.8　创建帧

制作 Flash 动画时，若在一段时间内需要保持某个关键帧内容不变，可以使用"帧"命令。创建帧的操作步骤如下：

（1）单击时间轴面板上需要该帧画面结束的位置。

（2）选择"插入"|"时间轴"|"帧"命令（或按 F5 键），插入帧，结果如图 3 - 70 所示。

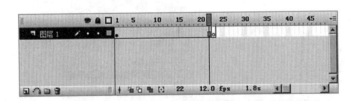

图 3 - 70　插入帧

提示：如果连续地插入关键帧到该画面结束位置，也可以保持该时间段中关键帧的内容不变。但连续相同内容的关键帧只会无谓地增加 Flash 文件的体积，而使用帧来完成这一过程，可以有效减少 Flash 文件的最终体积。

3.5.9　移动帧

在使用 Flash 制作动画的过程中，经常需要将一个帧或者一组帧移动到其他位置。移动帧的操作步骤如下：

（1）单击时间轴上需要移动的帧，选中该帧。

提示：按住 Shift 键，分别单击需要移动的连续帧的首末端两帧，可以选择一组帧。

（2）将鼠标指针移至选中的帧，鼠标指针末端出现小矩形标识，如图 3 - 71 所示。

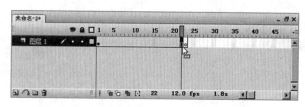

图 3 - 71　移动帧

（3）按住鼠标左键拖动帧到目标位置。

3.5.10　翻转帧

在制作动画的过程中，有时候需要将一组帧或者关键帧的顺序翻转过来，也就是说一组中的第一帧变为最后一帧，最后一帧变为第一帧，这就需要翻转帧。其操作步骤如下：

（1）在时间轴上选择需要翻转的一组帧。

（2）在选定的帧上右击，弹出如图 3 - 72 所示的菜单。

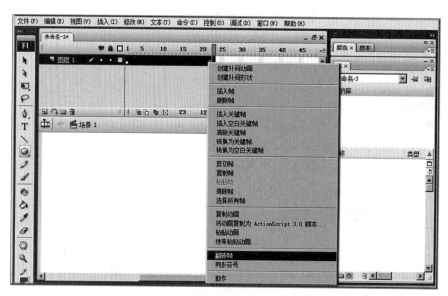

图 3 - 72　选择"翻转帧"命令

（3）选择"翻转帧"命令，这组帧的顺序就翻转了。

在执行完"翻转帧"命令后，依次单击这一组帧的关键帧，会发现这些帧的顺序发生了变化，即第一帧变为了最后一帧，第二帧变为倒数第二帧……而最后一帧变为了该组的第一帧。

3.5.11　删除帧

在使用 Flash 制作动画的过程中，经常需要删除帧。删除帧的操作步骤如下：

（1）选择时间轴中需要删除的帧。

（2）在选中的帧上右击，在打开的菜单中选择"删除帧"命令，删除该帧。

3.5.12　逐帧动画

逐帧动画是传统的动画形式，也是 Flash 动画的一个重要类型。逐帧动画的制作方法如下：

（1）新建文件。

（2）选择第 1 个空白关键帧，并在其中绘制一个图形。

（3）单击当前帧右边相邻的单元格，按 F7 键在第 2 帧处插入空白关键帧。

（4）在第 2 帧处绘制另外一个图形的内容。按照相同的方法创建第 3 帧、第 4 帧等，一帧一帧地增加新的关键帧，直到最后完成全部动画所需要的帧。

至此，一个简单的逐帧动画绘制完成。

（5）选择"控制"|"播放"命令或选择"控制"|"测试影片"命令，播放或测试动画。

3.5.13　创建补间

在 Flash 中使用补间功能，可以创作出丰富的动画效果，例如对象的运动、改变大小、改变形状、改变颜色、动态切换画面以及淡入淡出效果等。

创建补间动画的原理是定义上一关键帧的位置、大小、属性等参数，然后逐渐改变这些参数进入下一关键帧。只有元件、图像和群组后的形状才能创建动画补间。创建动画补间的操作步骤，以实例说明如下：

（1）新建一个文件。

（2）使用椭圆工具在舞台中画出一个圆，如图 3－73 所示。

图 3－73　画一个圆

（3）使用选择工具选择圆，按 Ctrl＋G 组合键组合圆。

（4）单击时间轴第 20 帧，按 F6 键插入关键帧，时间轴如图 3－74 所示。

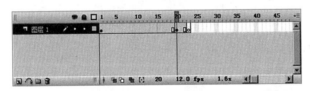

图 3－74　插入关键帧

（5）将鼠标指针移至圆，按住鼠标左键将其拖动至如图 3－75 所示的位置。

图 3－75　移动圆

（6）单击时间轴的第 1 帧。

（7）如图 3 - 76 所示，单击属性面板中"补间"栏的下拉按钮，在下拉列表中选择"动画"。

图 3 - 76　选择"动画"

（8）在属性面板中设定动画补间的属性，完成动画补间的制作。

（9）按 Enter 键在场景中测试动画的运动效果。选择动画补间后，其属性面板中各参数的含义如下：

● 帧标签：用于标识时间轴中的关键帧。将文件发布为 Flash 影片时会包括帧标签，因此应避免使用长名称，以尽量减小文件大小。

● 补间：设置补间动画的类型。在下拉列表中有 3 个选项，分别是"无"、"动画"和"形状"。

● 缩放：选择该复选框可以使对象的大小按比例产生缩放补间效果。

● 缓动：控制运动的速度变化。单击右侧的下拉按钮后，利用弹出的滑块能够改变加速度，滑块处于中间时，为匀速变化。

● 旋转：要使对象在运动过程中同时旋转，可以在"旋转"的下拉列表中选择一个选项，"顺时针"、"逆时针"或者"自动"。选择一种旋转方向后可以在其后的文本框中输入旋转的次数。

● 调整到路径：选择"调整到路径"复选框，可以保持对象与路径的角度始终一致。

● 同步：选择"同步"复选框，使图形元件实例的动画和主时间轴同步。

● 贴紧：如果使用运动路径，选择"贴紧"复选框可以根据其注册点将补间元素附加到运动路径上。

课后习题

1. 补间动画——车辆前行

根据要求制作补间动画。

[操作提示]

（1）打开素材"motion_ori.fla"。

（2）打开"库"面板，将其中的"路"元件拖到舞台上。

（3）在 111 帧插入帧。

（4）将"库"面板中的"车"元件拖到舞台上。

（5）在"车"元件所在的图层创建补间动画。

（6）按 Ctrl+Enter 组合键测试效果。

2. 逐帧动画——"卡通人物"动画

根据要求制作逐帧动画。

[操作提示]

（1）打开素材"frame_ori.fla"。

（2）打开"库"面板，将其中的"位图 1"拖到舞台上。

（3）在第 3 帧插入空白关键帧（F7）。

（4）将"库"面板中的"位图 2"也拖到舞台上同样的位置，在第 5 帧插入空白关键帧。

（5）将"位图 3"拖到舞台上同样的位置，在第 7 帧插入空白关键帧。

（6）将"位图 4"拖到舞台上同样的位置，在"属性"面板中手动输入相同的 X 轴和 Y 轴数值。

（7）按 Ctrl+Enter 组合键测试效果。

3.6　元件的使用

学习目标

● 学会使用元件。

● 学会创建各种类型的元件。

　　元件是指一个可以重用的图像、影片或按钮。"一个对象，多次使用"是元件在 Flash 中的作用。简单地说，元件是一个特殊的对象，在 Flash 中只创建一次，但可以在整部影片中反复使用。元件可以是一个形状，也可以是飞翔的小鸟的影片，并且用户所创建的任何元件都自动成为库中的一部分。在制作动画时经常会使用到元件，这样可以在影片中方便地重复使用这个对象，有利于加快动画播放的速度，缩短文件下载的时间，还可以减少动画文件的体积。

　　Flash 中的元件类型一共有 3 种，分别是"影片剪辑"元件、"按钮"元件和"图形"元件。

　　"影片剪辑"元件是一个动画元件，作为 Flash 中最具有交互性、用途最多及功能最强的部分，基本上是小的独立影片，并且可以包含主要影片中的所有组成部分（包括声音、影片及按钮）。在一个影片片段中，可以包含其他多个动画片段，这样便可形成一种嵌套结构。在播入影片时，影片剪辑元件不会随着主动画的停止而结束工作，因此非常适合制作诸如下拉式菜单之类的功能。

　　"按钮"元件的主要工作是检测鼠标动作并产生交互功能，除此之外，"按钮"元件还能夹带音效，使按钮的功能更加灵活。在 Flash 中，首先要为按钮分配用于不同状态的外观，然后为按钮的实例分配动作。

　　"图形"元件通常用来存放单独的图像，也可以制作动画，动画中也可以包含其他元件，但不能产生互动式的效果和声音。使用图形元件所制作的动画在执行时会随主动画一起播放，当主动画停止时，图形元件也会停止播放。

3.6.1　创建元件

创建元件时，可以从场景中选择若干对象将其转换为元件，也可以直接创建一个空白元件，然后进入元件编辑状态，以创建和编辑元件的内容。

1. 将场景中的元素转换成元件

将场景中的元素转换成元件的操作步骤如下：

（1）右击场景中的某元素，在弹出的快捷菜单中选择"转换为元件"命令，如图 3-77 所示，打开"转换为元件"对话框。在此设置元件名及元件类型后单击"确定"按钮，即可将选中的元素转换成为一个元件。

（2）选择"窗口"｜"库"命令，打开"库"选项卡，这时在元件库可以看到创建的元件，如图 3-78 所示。

图 3-77　"转换为元件"命令

图 3-78　元件库

2. 创建新元件

创建新元件的操作步骤如下：

（1）选择"插入"｜"新建元件"命令，在弹出的"创建新元件"对话框中设置元件名及元件类型，如图 3-79 所示，单击"确定"按钮。

（2）场景自动从场景编辑模式转换为元件编辑模式，元件名称将显示在窗口的左上角，在场景中心位置会出现元件的注册点，以"+"表示。

（3）在元件中进行编辑，制作完毕后单击窗口左上角的场景图标"场景1"，切换到场景编辑模式，这时在元件库中将看到创建的新元件。

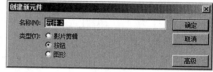

图 3-79　"创建新元件"对话框

3.6.2　编辑元件

应用到场景中的元件有时还需要重新进行编辑，元件的编辑会直接影响到使用元件的实例。要编辑元件，可以直接选中场景中所应用的元件并右击，从弹出的快捷菜单中可以用以下 3 种方式编辑元件：

（1）编辑：在元件编辑模式情况下编辑，当场景窗口中包含多个元件时，只有选中的元件显示在编辑窗口中。

（2）在当前位置编辑：在元件编辑模式情况下编辑，当场景窗口中包含多个元件时，只有选中的元件可以编辑，其他元件将变为灰色。

（3）在新窗口中编辑：将打开一个新的场景窗口，在该窗口中只有选中的元件。

3.6.3 设置实例属性

将对象转换成元件后，就可以在任何需要的时候重复调用，这就是使用元件的好处。将组件库中的元件拖至场景后就会变成实例，也就是元件的替身。每一个实例都会连接一个元件，而其属性也是从该元件获得，不过每一个实例也有其各自的属性。

1. 改变实例的颜色和透明度

从元件库中选择前面创建的"元件 1"拖至场景中，创建一个实例，如图 3-80 所示。然后通过实例的"属性"选项卡来更改实例的颜色、透明度等。

在图 3-80 所示实例的"属性"面板中的"颜色"下拉列表框中共有 5 个选项：

● 无：不设置颜色效果。

● 亮度：可以直接输入亮度值，也可以通过单击按钮利用弹出的滑动块调整实例的相对亮度，从最暗（黑色）调到最亮（白色），其中 100% 为白色，-100% 为黑色。

● 色调：可以使用一种颜色对实例图像进行着色操作，用于选择着色的颜色，表示着色比例，0% 表示完全没有影响，100% 表示完全被选定的颜色覆盖。

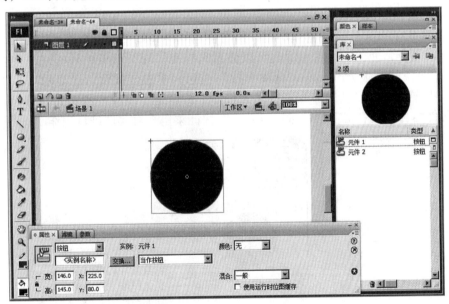

图 3-80　创建元件实例

● Alpha：可以调整实例图像的透明度，0% 表示实例完全不可见，100% 表示完全可见。

● 高级：单击后面的"设置"按钮，将打开"高级效果"对话框，如图 3-81 所示。在"高级效果"对话框中，可以单独调整实例图像的红、绿、蓝三原色和透明度。这在制作颜色变化非常精细的动画时最有用。每一项都通过左右两个文本框调整，左边的文本框用来输入减少相应颜

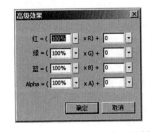

图 3-81　"高级效果"对话框

色分量或透明度的比例，右边的文本框通过具体数值来增加或减少相应颜色或透明度的值。

2. 设置图形实例的播放模式

设置播放模式选项可以决定图形实例中的动画序列在影片中的播放方式。首先选中"图形"元件，然后在其"属性"选项卡（见图3-82）的"图形选项"下拉列表框中进行以下设置：

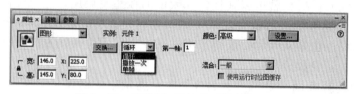

图3-82 "图形"元件的"属性"面板

- 循环：动画播放1次结束后再从头播放。
- 播放一次：动画从头到尾只播放1次。
- 单帧：显示动画中的任意一帧。

在"属性"选项卡的"第一帧"文本框中输入一个帧编号可以设置动画播放的第1帧，该值对3种播放模式都有效。

3.6.4 管理元件

Flash提供了强大的元件管理功能，所有操作均可借助"库"面板（按Ctrl + L组合键打开）来完成，如图3-83所示。可以任意地拖曳"库"面板的外框来改变窗口的大小。"库"面板的右上方有一个"选项下拉"按钮，单击该按钮后会显示一个下拉式菜单，可以根据菜单所提供的命令来管理元件库，如新建、编辑、删除元件等，当然也可以在"元件名称"上右击，同样可以打开一个快捷菜单来对元件进行操作。

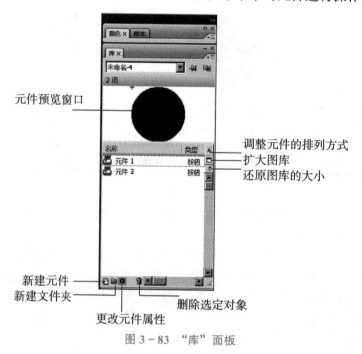

图3-83 "库"面板

课后习题

图形元件——脑筋急转弯

根据要求创建图形元件，最终效果如图 3 - 84 所示。

图 3 - 84　效果图

[操作提示]

（1）打开素材"graphic_ori.fla"。

（2）将图层 9 的元素转换为"图形"元件。

（3）新建元件"SMS.163.COM"。

（4）按 Ctrl+Enter 组合键测试效果。

Photoshop 图像技术

本模块主要介绍利用 Photoshop 来设计网页的方法。Photoshop 利用可视化操作程度比较高的优势，可进行网页的视觉设计、排版布局。它能够完成网站中各种类型的 Web 图像设计和制作，包括为进行网络发布对图像进行的各项优化操作。

4.1 使用 Photoshop 选择图像

学习目标

- 学会使用 Photoshop 选择图像。
- 学会调整图像选取范围。

在 Photoshop 中有很多种选取选区的方法，例如，使用选择类工具、选择类命令等，通常使用工具箱中的矩形工具组、套索工具组，魔棒工具组来选取选区。选取选区后，可以对选区进行移动、复制等操作。

选取选区在 Photoshop 中是经常性的工作，例如，要对图像的某一部分进行处理，首先要将这部分创建选区图像选中，然后再进行处理；如果要复制或移动图像的某一部分，也必须将这部分图像选中。这样的方法有很多种，可以通过选区命令创建选区，也可以直接使用工具箱中的选区工具创建。

4.1.1 选取图像

选取图像是 Photoshop 软件最重要的功能之一。使用 Photoshop 的选取工具可以确定图像中的编辑范围，常用于图像的合成，比如选取背景、选取人物等，下面通过对多张图片不同区域的选取开始 Photoshop 学习之旅。

1. 选取规则区域

规则区域选取工具包括矩形选框工具、椭圆选框工具、单行选框工具和单列选框工具 4 种，下面以椭圆选框工具为例，介绍选取规则区域的方法，具体操作步骤如下：

（1）启动 Photoshop，执行菜单栏中的"文件 | 打开"命令，或者使用鼠标双击工作

区，即可打开如图 4-1 所示的"打开"对话框。在该对话框中选择素材"select.psd"，单击"打开"按钮。

（2）打开如图 4-2 所示的图像后，首先来选取图像中的圆环部分。

图 4-1　打开文件

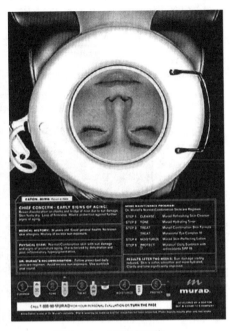

图 4-2　打开的图像

（3）从工具箱中选择"椭圆选框工具"，如图 4-3 所示。鼠标指针会变成十字形，在要选择区域的开始位置按下鼠标左键并进行拖动，在选择区域结束位置释放鼠标，即可在位图中选取一个椭圆形的区域，如图 4-4 所示。

技巧：选取正圆和从中心选取的方法：

如果要选取正圆，选择"椭圆选框工具"按住 Shift 键的同时拖曳鼠标即可；如果要从圆形的中心向外选取，选择"椭圆选框工具"按住 Alt 键的同时拖曳鼠标即可。

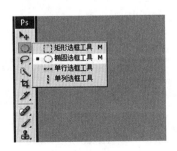

图 4-3　椭圆选框工具

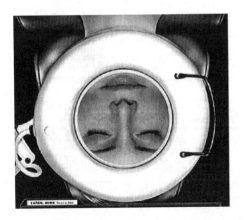

图 4-4　选取椭圆形选区

2. 选取不规则区域

针对不规则区域，可以使用套索工具进行选择，如图4-5所示。套索工具包括：套索工具、多边形套索工具和磁性套索工具。

其中，套索工具主要用于选取自由形状的选区；多边形套索工具则可以选取多边形的选择区域；使用磁性套索工具边框会对齐图像中定义区域的边缘。

下面选取如图4-6所示图像中的高跟鞋，具体操作步骤如下：

图4-5　套索工具

图4-6　源图像

（1）打开素材"select2.psd"，选择工具箱中的"套索工具"，将鼠标指针移至文档中时，指针会变成套索形状。

（2）按住鼠标左键，在文档中拖动鼠标，直到将鼠标指针拖动至起点附近时，指针右下角会出现实心小方块，单击鼠标闭合选区，如图4-7所示。

图4-7　使用套索工具

（3）使用"套索工具"并不能得到最精确的选区，而使用"多边形套索工具"的效果相对要好一些，不过选取选区的边缘线比较僵硬。选择工具箱中的"多边形套索工具"，将鼠标指针移至文档中时，指针会变成多边形套索形状。

（4）在起始位置单击鼠标左键，拖动鼠标拉出一条线。再次单击鼠标左键，可以继续选取选区。连续单击鼠标左键，将鼠标拖动至起点附近时，指针右下角会出现一个实心小方块，单击鼠标左键闭合选区，如图4-8所示。

（5）由于在图像中选取的高跟鞋部分与周围有着明显的界线，这里可以选择"磁性套索工具"，它会在一定宽度范围内寻找某两个像素点颜色对比度小于选项栏中"对比度"的位置作为选区的分界点。将鼠标指针拖动到图像上，单击鼠标选取起点，然后沿物体边缘移动鼠标，无须按住鼠标。

图 4-8　使用多边形套索工具

（6）当回到起点时指针右下角会出现一个小圆圈，表示选区已封闭，再单击鼠标即可，如图 4-9 所示。

图 4-9　使用磁性套索工具

3. 选取颜色相近的区域

在 Photoshop 中选取颜色相近的区域有两种方法，一是使用"魔棒工具"或"快速选择工具"，二是使用"色彩范围"命令。下面分别使用这两种方法来选取图像。

（1）打开素材"select3.psd"，如图 4-10 所示，选取图像中的动物。选择工具箱中的"魔棒工具"，如图 4-11 所示，在图像中要选取选区的颜色处单击鼠标左键，图像中在颜色范围内的区域即被选中，如图 4-12 所示。

图 4-10　原图像　　　　图 4-11　选择魔棒工具　　　　图 4-12　使用魔棒工具

"魔棒工具"选项栏如图 4-13 所示。"魔棒工具"对选择图像内像素的颜色，容许有一定范围的偏差。容差的值越大，在相同文档中，被选中的区域也就会越大。如图 4-14 所示的是容差为 8 和 60 的选区的对比效果。

图4-13 "魔棒工具"选项栏

图4-14 容差为8和60的选区

（2）除使用"魔棒工具"之外，也可以使用"色彩范围"命令选取相近颜色的区域，
实现基于某种或某一范围的颜色形成选区。下面
对如图4-15所示的图像中的白颜色部分进行选
取。具体操作步骤如下：

1）打开素材"sclect4.psd"，执行菜单栏中
的"选择"|"色彩范围"命令。然后在弹出的
如图4-16所示的"色彩范围"对话框中进行
设置。

2）将指针移动到图像上，单击鼠标，对
要包含的颜色进行取样。然后在对话框中调整
"颜色容差"，值越大，与滴管颜色样本近似的
颜色被选中的部分就越多，如图4-17所示。

图4-15 原图像

3）单击"确定"按钮。如图4-18所示的是选取白色、容差值为200时图像的选取
结果。

图4-16 色彩范围

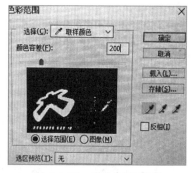

图4-17 增大颜色容差

图4-18 选取结果

4.1.2 调整图像选区范围

使用选框工具或套索工具选取选区之后，可以添加或删除选区以改变选框的选择范围。

在选择了一个选择区域后，如果想在这个选择区域的基础上添加选择区域，可以进行如下操作：按住键盘上的 Shift 键，此时原来的十字形鼠标指针的右下方会多出一个加号；再次进行选择区域操作，则新选择的区域会被添加到原选择区域上去。

如果想在原有的选择区域的基础上减少选择区域，可以按住键盘上的 Alt 键，此时原来的十字形鼠标指针的右下方会多出一个减号，这样就能够减掉新的区域。

如果想在原有的选择区域的基础上交叉选择区域，可以按住键盘上的 Shift+Alt 组合键，此时原来的十字形鼠标指针的右下方会多出一个叉号，这样就能够选取新的区域与原有区域的交叉区域。

提示：调整选区的快捷操作如下。

按 Ctrl+A 组合键，可以全选当前图层的全部内容；按 Ctrl+D 组合键，可以取消当前的选区；按 Ctrl+Shift+I 组合键，将反选选区。

执行菜单栏上的"选择"|"修改"命令，弹出下一级子菜单，包括边界、平滑、扩展、收缩和羽化 5 个选项。其中，羽化图像不对图像中的像素做模糊处理，羽化模糊的是图像选框的边缘，使选区周围同背景的像素混合。

具体操作步骤如下：

（1）打开素材"feather_ori.psd"，选择"椭圆选框工具"选取选区，如图 4-19 所示。

图 4-19 选取图像

（2）执行菜单栏上的"选择 | 修改 | 羽化"命令，打开"羽化选区"对话框，输入"羽化半径"的值（这个值决定选框的每一边柔化的像素数），然后单击"确定"按钮，如图 4-20 所示。

图 4-20 羽化选取

（3）按 Ctrl+Shift+I 组合键进行反向选择，并按下键盘上的 Del 键，这时图像形成的效果如图 4-21 所示。

图 4-21 羽化效果

（4）按 Ctrl+D 组合键取消选区，最终图像的效果如图 4-22 所示。

图 4-22 最终图像效果

除了"羽化"外，"边界"命令基于现有的选区形状产生一个边界选区。"平滑"命令使选区边界变得平滑。"扩展"命令基于现有的选区形状向外扩展一定的尺寸。"收缩"命令将基于现有选区的形状向内收缩一定的尺寸。

课后习题

选取图像

根据要求做出如图 4-23 所示的效果。

图 4-23   效果图

[基本要求]
(1)将图像中的窗棂图形选取出来。
(2)将其复制到一个新文件中。

4.2 对图像进行色调和色彩处理

学习目标

● 学会对图像进行色调处理。
● 学会对图像进行色彩处理。

Photoshop 一直应用于传统媒体的图像处理，在色彩、色调调节方面的功能非常强大。在 Photoshop 中要达到一种调整效果，能够使用的方法并不是唯一的，使用许多方法都可以取得相似的效果，因此使用何种调整方式取决于图像和期望达到的效果。在

Photoshop 中使用不同的色彩、色调调整命令，能够校正图像的明暗度、饱和度、亮度及对比度等，从而使图像发生根本性的变化。

色调和色彩是网页设计中永恒的主题，色调和色彩可以展示、升华作品所表达的深刻含义。制作网页页面时，有些图像是通过扫描仪获得的，常常在亮度、对比度、色相、饱和度等各方面都不能达到最佳效果，这时可以进行色调与色彩的调整。下面介绍 Photoshop 的色调及色彩调整。

4.2.1 色调调整

以明度和纯度共同表现色彩程度称为色调，Photoshop 中提供了多种对色调调整的方法。

1. 亮度和对比度

执行菜单栏中的"图像"|"调整"|"亮度/对比度"命令，在弹出的对话框中可以调整图像中所有像素的亮度和对比度。使用这一命令影响所有的高亮区、阴影区和图像的中间色区，也就是说，它不考虑原图像中不同色调区的亮度/对比度差异，因此它的调节并不准确。具体操作步骤如下：

（1）打开素材"brightness_ori.psd"，执行菜单栏中的"图像"|"调整"|"亮度/对比度"命令。

（2）打开如图4-24所示的"亮度/对比度"对话框，使用鼠标拖动滑块调整亮度和对比度的值。

（3）单击"确定"按钮，如图4-25所示的是亮度和对比度调整前后图像的效果变化。

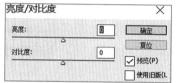

图4-24 "亮度/对比度"对话框

图4-25 亮度/对比度调整前后图像的效果变化

2. 色阶

使用色阶可以调整高亮区或阴影区像素高度集中的图像。具有丰满色调的图像应该在所有的区域都有很高的像素，包括高亮区、中间色区和阴影区。色阶调整把最暗的像素（阴影区）和最亮的像素（高亮区）设为黑和白，然后成比例地重新调整中间色区。这将产生能看到所有像素细节的图像。具体操作步骤如下：

（1）打开素材"level_ori.psd"，单击"图层"面板中的图层3，如图4-26所示。

（2）执行菜单栏中的"图像"|"调整"|"色阶"命令，打开如图4-27所示的"色

阶"对话框。其中,色阶分布直方图的 X 轴代表颜色的亮度值,Y 轴代表在某一亮度值上颜色数目的多少,输入色阶决定了图像的亮度。向左拖动高光滑块时图像会越来越亮,向右拖动暗调滑块时图像会越来越暗。单击"自动"按钮可以将高光和暗调滑块自动移动到最亮点和最暗点。

图 4-26　选中图层 3

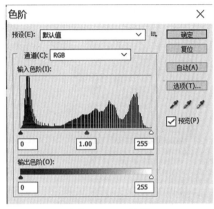

图 4-27　色阶

（3）设置完成后,单击"确定"按钮。按照同样的方法对图层 4 进行调整,可以看到色阶调整前后图像的效果变化,如图 4-28 所示。

　　　　　　（a）调整前　　　　　　　　　　　　　　　（b）调整后

图 4-28　色阶调整前后图像的效果变化

3. 曲线

曲线和色阶都能够调整图像的色调范围。不同的是,色阶使用高亮区、中间色区、阴影区来调整色调范围;曲线沿着色调范围（从最暗像素到最亮像素）调整颜色。具体操作步骤如下:

（1）打开素材" curve_ori.psd",按住 Ctrl 键的同时单击图像中云彩的位置,然后选择"图像"|"调整"|"曲线"命令,打开如图 4-29 所示的"曲线"对话框。

（2）此时的曲线是一条呈 45°角的直线,表示此时输入与输出的亮度相等。当鼠标指针指向曲线时,指针会变成一个白色无尾箭头,并在右下方有一个加号,表示在曲线上添加控制点。单击鼠标左键，即可在曲线上添加调节控制点，然后可以在该控制点上按住鼠标左键进行拖动，曲线会随之产生变化，如图4-30所示。通过调整曲线的形状，改变像素的输入、输出亮度，从而改变图像的色阶。把曲线上的点用鼠标拖出栅格区域即可删除曲线点。

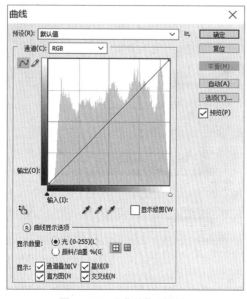

图4-29　"曲线"对话框

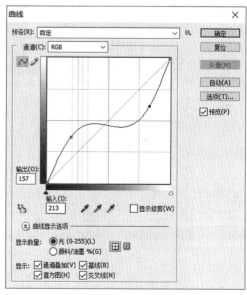

图4-30　调整曲线

（3）设置完成后，单击"确定"按钮。可以看到曲线调整前后图像的效果变化，如图4-31所示。

图4-31　曲线调整前后图像的效果变化

4.2.2　色彩调整

通常，原始的图片是通过扫描仪、数码相机、数码摄像机等工具获取的。无论是通过哪种途径获取的图片，这些图片在色调和色彩等方面或多或少都有些问题，比如效果偏暗、偏亮、偏红、偏冷、偏绿等。对于这些有问题的图片，Photoshop 提供了很多解决办法，最终可以将它们转换输出为具有艺术美感的作品。

1. 色相 / 饱和度

色相是辨识每一种颜色所特有的与其他颜色不同的表象特征，比如红、橙、黄、绿、青、蓝、紫等。饱和度即颜色的鲜艳程度，饱和度越大，颜色越浓；反之，颜色越淡。色相、饱和度、亮度构成了色彩的 3 个基本要素。比如一种纯蓝的颜色，可以称为是一种色相；在纯蓝的基础上再加蓝，使之变浓，或者在纯蓝的基础上减蓝，使之变淡，这可以称为是调整饱和度；而使蓝色更亮或者更暗，则是调整色彩的亮度。具体操作步骤如下：

（1）打开素材"hue_ori.psd"，如图 4 - 32 所示。按住 Ctrl 键的同时单击图像中大厦的位置载入大厦选区，然后执行菜单栏上的"图像"|"调整"|"色相 / 饱和度"命令，打开如图 4 - 33 所示的"色相 / 饱和度"对话框。

图 4 - 32　原图像

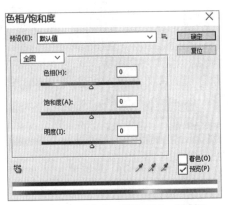

图 4 - 33　"色相 / 饱和度"对话框

（2）在该对话框中拖动滑块调整图像，可以达到不同的效果，如图 4 - 34 所示。若勾选"着色"复选框，能够将 RGB 图像转换成单色调图像，或给灰度图像添加色彩，如图 4 - 35 所示。

图 4 - 34　调整后的效果

图 4 - 35　上色的效果

2. 替换颜色

"替换颜色"命令能将要替换的颜色创建为一个临时蒙版，并用其他的颜色替换原有颜色的显示，同时还可以替换色彩的色相、饱和度和亮度。与"色相／饱和度"命令相比，"替换颜色"命令更精确。具体操作步骤如下：

（1）打开素材"replace_ori.psd"，如图 4 - 36 所示。按住 Ctrl 键的同时单击图像中左侧儿童所在的位置，执行菜单栏上的"图像"|"调整"|"替换颜色"命令，打开如图 4 - 37 所示的"替换颜色"对话框。

图 4 - 36　原图像

图 4 - 37　"替换颜色"对话框

（2）使用"吸管工具"吸取图像中儿童衣服的颜色，然后确定对话框中"颜色容差"的大小。颜色容差越大，被替换的颜色种类越多。

（3）通过调整变换区域中的"色相""饱和度""明度"替换前一步中选中的颜色。

（4）单击"确定"按钮后，图像中左侧儿童衣服后的颜色被替换，如图 4 - 38 所示。

3. 渐变映射

"渐变映射"命令可以把某种渐变

图 4 - 38　替换颜色后的效果

色添加到图像中，从而将图像的色阶映射为这组渐变色的色阶。具体操作步骤如下：

（1）打开素材中"graclient_ori.psd"，如图 4 - 39 所示。按住 Ctrl 键的同时单击图像中比萨斜塔所在的位置，选择"图像"|"调整"|"渐变映射"命令，打开如

图 4-40 所示的"渐变映射"对话框。

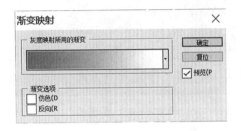

图 4-39 原图像　　　　　　　　　　图 4-40 "渐变映射"对话框

（2）在"渐变映射"对话框中单击渐变色条右侧的下拉按钮，在打开的面板中可以选择其他渐变色，双击"渐变色条"可以在弹出的"渐变编辑器"对话框中编辑渐变颜色，如图 4-41 所示。

（3）勾选"仿色"复选框，可以为转变色阶后的图像增加抖动。勾选"反向"复选框，将转变色阶后的图像颜色反转呈现负片效果。

（4）单击"确定"按钮后，可以看到调整渐变映射后图像的效果，如图 4-42 所示。

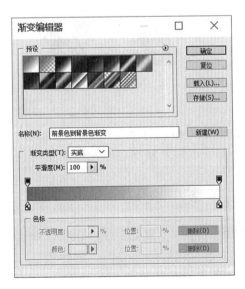

图 4-41 编辑渐变颜色　　　　　　　图 4-42 调整后的图像效果

4. 反相

使用"反相"命令可以把对象或图像中的每一种颜色反转过来。比如，将红色的图像对象（R255，G0，B0）反转成亮蓝色（R0，G255，B255）。简单地说，反相效果就是照片的底片效果。具体操作步骤如下：

（1）打开素材"invert_ori.psd"，如图 4-43 所示。选择"图像"|"调整"|"反相"命令。

（2）无须任何设置，就可以看到调整后的图像效果，如图 4-44 所示。

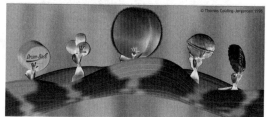

图 4-43　原图像　　　　　　　　　　　图 4-44　反向后的图像效果

5. 阈值

"阈值"命令可以将灰度或彩色图像转换为高对比度的黑白图像。具体操作步骤如下：

（1）打开素材"back_ori.psd"，选择"图像"|"调整"|"阈值"命令。

（2）在弹出的如图 4-45 所示的"阈值"对话框中设置亮度值，图像中所有亮度值比它小的像素都将变成黑色，其他像素将变成白色。

（3）单击"确定"按钮后，可以看到调整前后的图像效果，如图 4-46 所示。

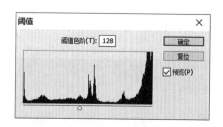

图 4-45　"阈值"对话框　　　　　　　　图 4-46　阈值调整的效果变化

6. 变化

"变化"命令可以让用户在调整图像或选区的色彩平衡、对比度和饱和度的同时，看到图像或选区调整前和调整后的缩略图。此命令对于不需要精确色彩调整的平均色调图像最为有用。具体操作步骤如下：

（1）打开素材"vari_ori.psd"，选择"图像"|"调整"|"变化"命令，打开如图 4-47 所示的对话框。

（2）在该对话框中可以方便地更改"阴影""中间色调""高光""饱和度"。对话框中"原稿"为改变效果之前的效果图，"当前挑选"为改变之后的效果图。进行调整时，后面的缩略图会随着图像的调整发生变化，显示调整效果。

（3）如果要在"中间色调"中增加绿色，选中"中间色调"单选按钮，可以调整"精细""粗糙"滑块确定颜色改变的精确程度，滑块越靠近"精细"，调整之后的效果越细腻。然后使用鼠标在"加深绿色"缩略图上单击一下，就会在图中加入一些绿色。

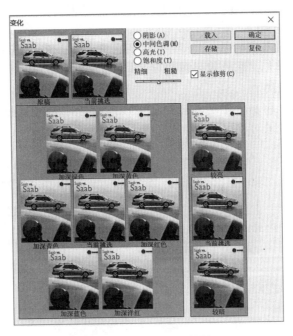

图 4 - 47   "变化"对话框

（4）要增加或减少亮度，使用相同的方法在对话框右侧的相应缩略图上单击即可。

（5）单击"确定"按钮后，可以看到使用"变化"命令调整前后的图像效果，如图 4 - 48 所示。

图 4 - 48   变化调整前后的图像效果变化

7. 照片滤镜

"照片滤镜"命令支持多款数码相机的图像模式，让用户得到更真实的图像输入。通过应用模仿传统相机滤镜效果的照片滤镜，获得各种丰富的效果。具体操作步骤如下：

（1）打开素材"photo-ori.psd"，选择"图像"|"调整"|"照片滤镜"命令，打开"照片滤镜"对话框，如图4-49所示。

（2）照片滤镜有很多内建的滤色选择。"颜色"选项可以重新取色。"浓度"滑块控制着色的强度，数值越大，滤色效果越明显。"保留明度"复选框可以在滤色的同时维持原来图像的明暗分布层次。

（3）设置完成后，单击"确定"按钮。可以看到原图和经过照片滤镜处理后，使用"加温滤镜（85）"的效果对比，如图4-50所示。

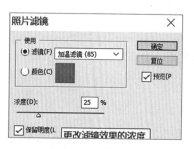

图4-49　"照片滤镜"对话框　　　　图4-50　照片滤镜使用前后的图像效果变化

8. 阴影/高光

"阴影/高光"命令能快速改善图像曝光过度或曝光不足区域的对比度，同时保持照片的整体平衡。Photoshop可以通过这个功能自动调整曝光有问题的照片的整体色调分布。具体操作步骤如下：

（1）打开素材"Shadow_ori.psd"，选择"图像"|"调整"|"阴影/高光"命令，打开"阴影/高光"对话框，如图4-51所示。

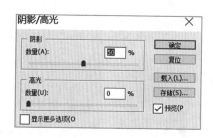

图4-51　"阴影/高光"对话框

（2）设置完成后，单击"确定"按钮。可以看到原图和经过阴影/高光处理后的效果对比，如图4-52所示。

图 4 - 52　阴影 / 高光使用前后的图像效果变化

课后习题

制作旧照片效果

根据要求做出如图 4 - 53 所示的效果。

[基本要求]

（1）打开素材"building_ori.psd"。

（2）通过色彩的调整，将其制作成旧照片的效果。

（a）调整前　　　　　　　　　　　（b）调整后

图 4 - 53　效果图

4.3　绘图与照片修饰

学习目标

- 学会绘图与照片修饰。
- 学会使用填充设计网页图像。

在实际工作中往往要对图像进行填充，在 Photoshop 中填充图像的方法很多，例如使用油漆桶工具、填充命令及一些快捷键等填充图像。使用这些工具与命令，既可以对选区进行填充，也可以对图层进行填充。填充方式包括实色填充、图案填充和渐变填充。渐变填充效果是一种将两种或两种以上的颜色进行混合，从而得到过渡细腻、色彩丰富的填充效果。另外，Photoshop 还提供了丰富的图像修补工具和微调工具。

4.3.1 绘图与擦除

Photoshop 中的绘图工具模仿实际绘图中的笔触与效果绘制图形。在 Photoshop 中还可以通过橡皮擦等其他工具方便快捷地绘制与擦除图形。

1. 绘图

在 Photoshop 中用户可以使用工具箱中的画笔工具、铅笔工具和颜色替换工具绘制图像，如图 4-54 所示。使用这几种工具绘制图像会产生不同的效果。画笔工具将以毛笔的风格在图像或选择区域内绘制图像；铅笔工具会产生一种自由手绘的硬性边缘线的效果；颜色替换工具可以对局部颜色进行替换。用户可以使用这几种工具进行尝试，体会它们之间的差别。

选择工具箱中的"画笔工具"，在"画笔"选项栏上单击"画笔"下拉按钮，在打开的面板中可以看到许多的画笔模型。单击右侧扩展按钮，在打开的扩展菜单中还可以对画笔进行设置，例如新建一个画笔，选择画笔面板的显示样式（显示大小、显示方式），以及画笔的效果等，在"画笔"选项栏上还可以设置"不透明度"等参数，如图 4-55 所示。

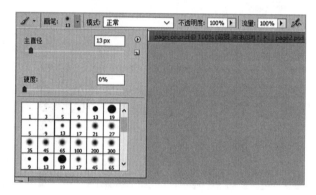

图 4-54　绘图工具　　　　　　　　　图 4-55　画笔设置

2. 擦除

使用"橡皮擦工具"可以擦除图像中的颜色，橡皮擦工具共分为 3 种，分别是橡皮擦工具、背景橡皮擦工具和魔术橡皮擦工具，如图 4-56 所示。

选择工具箱中的"橡皮擦工具"，从如图 4-57 所示的"橡皮擦工具"选项栏中设置橡皮擦的大小、模式、不透明度，然后使用"橡皮擦工具"直接涂抹要擦除的区域即可。"背景橡皮擦工具"顾名思义，就是在保留前景对象的边缘的同时抹除背景。在选项栏中设置好容差值后，直接单击图像背景即可删除背景。在用户希望擦除的区域单击"魔术橡皮擦工具"，可以自动擦除掉颜色相近的区域。

图 4-56 擦除工具

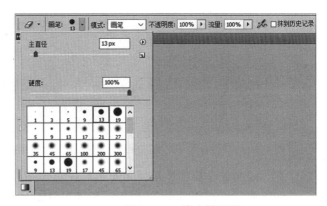

图 4-57 橡皮擦设置

4.3.2 使用填充设计网页图像

图像的填充方式主要有两种，一种是内部填充。另一种是边框填充。可以说任何图形都是由内部和边框两部分构成，灵活掌握这两种图像的基本填充方法有助于设计网页中的图像。

1. 内部填充

内部填充共分为 3 种，分别是实色填充、渐变填充和图案填充，下面分别介绍这几种填充方法。

（1）实色填充。

下面利用实色填充来修改如图 4-58 所示的网页页面的颜色效果。

图 4-58 网页页面效果

具体操作步骤如下：

1）打开素材"page_ori.psd"，按住 Ctrl 键的同时，单击"图层"面板中 bg 层的图层缩览图，这个层的所有内容成为选区。

2）在工具箱中设置好前景色之后，选择"编辑"|"填充"命令，在弹出的"填充"对话框中进行参数设置，如图 4-59 所示。

3）设置"使用"为"前景色"，其余参数采用默认设置，然后单击"确定"按钮。如图 4-60 所示的就是填充了实色后的效果。

图 4-59 "填充"对话框

图 4-60　改变了背景色后的效果

技巧：快速填充前景色和背景色的方法如下：

如果希望填充图像的前景色，可以按 Alt+BackSpace 组合键进行直接填充。如果希望填充图像的背景色，可以按 Ctrl+BackSpace 组合键进行直接填充。

（2）渐变填充。

渐变色可以产生光与影的变化，是设计中经常使用的技法。Photoshop 中的渐变工具就可以创建多种颜色间的逐渐混合。具体操作步骤如下：

1）继续上一节的图像制作，按住 Ctrl 键的同时单击"图层"面板中 bg 层的图层缩览图，使这个层的所有内容成为选区。

2）在工具箱中选择如图 4-61 所示的渐变工具后，在选项栏中设置渐变填充的色彩为绿色到深绿色，如图 4-62 所示。

图 4-61　渐变工具

图 4-62　渐变设置

3）设置完毕后，在图像的选区上单击确定渐变起点，然后拖动鼠标到渐变的终点位置，释放鼠标，即可创建一个渐变。填充效果通过拖拉线段的长度和方向来控制，创建渐变之后的效果如图 4-63 所示。

图 4-63　渐变填充效果

（3）图案填充。

下面利用选择工具和油漆桶工具对网页图像完成扫描线图案的填充效果。具体操作步骤如下：

1）继续上一节的图像制作，按住 Ctrl 键的同时单击"图层"面板中 bg 层的图层缩览图，使这个层的所有内容成为选区。

2）新建一个宽为 1 像素、高为 2 像素的文件。然后使用缩放工具将图像放大至 1 600 倍，如图 4 - 64 所示。

3）使用选择工具选取出 1 像素 × 1 像素的区域，然后将前景色设置为黑色，使用"油漆桶工具"填充这个区域，如图 4 - 65 所示。

图 4 - 64   建立的图像   图 4 - 65   使用油漆桶工具填充区域

4）按 Ctrl+D 组合键取消选区，然后选择"编辑"|"定义图案"命令，在弹出的"图案名称"对话框中输入名称，如 tvline，将这个黑白矩形定义成图案，如图 4 - 66 所示。

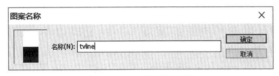

图 4 - 66   定义图案

5）返回到要填充的图像中，在"图层"面板中创建一个新图层。

6）选择"编辑"|"填充"命令，在弹出的"填充"对话框中选择"图案"选项，然后打开"自定图案"面板选择定义好的图案 tvline，如图 4 - 67 所示。

7）单击"确定"按钮后，将"图层"面板中当前层的不透明度从 100% 降低至 30%，并更改图层模式为"变亮"，然后按 Ctrl+D 组合键取消选区，当前填充的效果如图 4 - 68 所示。

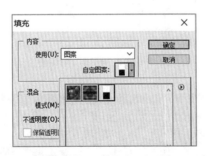

图 4 - 67   "填充"对话框

图 4 - 68   图案填充效果

2. 边框填充

选择"编辑"|"描边"命令可以在选区、图层周围绘制彩色边界，进行边框填充。具体操作步骤如下：

（1）继续上一节的图像制作，按住 Ctrl 键的同时单击"图层"面板中 top 组中的"云"图层的图层缩览图，使之成为选区，如图 4-69 所示。

图 4-69　当前选取

（2）新建图层，选择"编辑"|"描边"命令，打开如图 4-70 所示的"描边"对话框。

（3）在该对话框中可以选择边框的宽度、颜色及描边在当前选区的位置，还可以设置其混合模式和不透明度。单击"确定"按钮后，边框色添加到了选区周围的位置，按 Ctrl+D 组合键取消选区，如图 4-71 所示。

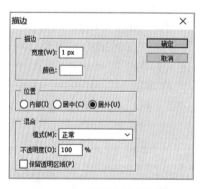

图 4-70　"描边"对话框

图 4-71　描边效果

4.3.3　绘图与照片修饰

Photoshop 提供了一系列图像的修补和微调工具，下面分别介绍它们的功能。

1.图章工具

图章工具分为两种，一种是"仿制图章工具"，另外一种是"图案图章工具"。使用"仿制图章工具"可以复制位图图像的一部分。使用"图案图章工具"能够将图案复制到图像上。下面通过一个例子介绍仿制图章工具的使用方法。

（1）打开素材"ad-ori.psd"，如图 4-72 所示。复制图像中的西门子手机。

（2）选择工具箱中的"仿制图章工具"，如图 4-73 所示。按住 Alt 键的同时在手机旁边最相近的颜色处单击，然后选中相应的笔触。

（3）在手机的左侧拖曳鼠标绘制，形成手机的副本，如图 4-74 所示的是正在绘制的过程，如图 4-75 所示的是绘制完成的结果。

图 4-72　原图像

图 4-73　选择仿制图章工具

图 4-74　正在绘制

图 4-75　绘制完成

2.修补工具

在制作图像的过程中经常会重复某一部分的图案，或者需要对残缺的图像进行修复，这时可以利用 Photoshop 工具箱中的修补工具。

（1）污点修复画笔工具。

使用"污点修复画笔工具"只需用鼠标光标抹过欲修掉的污点、瑕疵、杂物之处，即可不留痕迹地完成润饰，完全不必事先选取修复范围。下面使用"污点修复画笔工具"去掉照片上的日期水印。

1）打开素材" photo_ori.psd"，选择工具箱中的"污点修复画笔工具"，如图 4-76 所示，设置 20 像素的小笔触。

2）在日期水印附近涂抹，形成如图 4-77 所示的效果。

图 4-76　选择修补工具　　　　　　　　图 4-77　图像效果

（2）修复画笔工具与修补工具。

"修复画笔工具"从根本上改变了原有的修饰图像的工具，它可以在不改变原图像的形状、光照、纹理和其他属性的前提下，轻而易举地去除画面中最细小的划痕、污点、皱纹和灰尘。"修复画笔工具"不仅能够对普通图像进行优化，也适用于照片级的高清晰度图像。"修复画笔工具"可以令扫描照片焕发光彩，对于那些有瑕疵的照片，例如人物脸上的皱纹，使用修复笔刷可以轻松将它们消去。"修补工具"与"修复画笔工具"常常配合使用。在 Photoshop 中只需使用选择工具选取选区，然后应用"修补工具"，前面使用"修复画笔工具"确定的对象就会在所选区域粘贴，同时不改变图片的属性。

1）打开素材"hong-ori.psd"在工具箱中选择"修复画笔工具"，在选项栏上可以选择画笔，设置笔刷的大小、硬度、直径、间距等参数，如图 4-78 所示。

2）按住 Alt 键，使用"修复画笔工具"在褶皱的皮肤处单击，然后松开 Alt 键，使用"修补工具"进行图片的修补工作，皮肤会逐渐平复。Photoshop 会保留原本的色调与明暗并调整颜色，做出最自然的处理。如图 4-79 所示的是图像处理前后的对比效果。

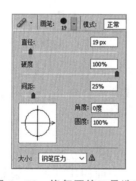

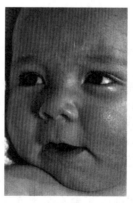
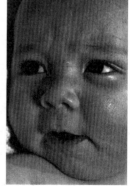

图 4-78　修复画笔工具选项　　　　　　图 4-79　图像处理前后的效果对比

（3）红眼工具。

使用"红眼工具"可以轻松地去除拍照时产生的红眼。使用方法非常简单，只需使用"红眼工具"在红眼睛处单击即可。

3. 修饰工具

模糊工具、锐化工具、涂抹工具、减淡工具、加深工具和海绵工具这 6 种工具属于图像修饰工具，如图 4-80 所示。

模糊工具实现使图像选定区域模糊的效果（反复涂抹使图像更加模糊）。锐化工具和模糊工具正好相反，可以在图像中产生锐化的效果。如图 4-81 所示的是模糊效果与锐化效果的图像对比。

图 4-80 修饰工具　　　　　　　　图 4-81 模糊效果与锐化效果对比

涂抹工具模拟在未干的绘画上手指擦过的痕迹。该工具挑选笔触开始位置的颜色，然后随笔触力向拖移，就好像真的用手在画纸上涂抹一样。

使用减淡与加深工具的时候，只需设置好相应的选项，包括选择画笔笔触的形状及大小、选择"阴影"、"中间调"或"高光"，以及通过调整百分比，设定每次鼠标拖曳时的曝光情况，百分比越大曝光越弱。如图 4-82 所示的是使用了减淡工具和加深工具的图像效果。

图 4-82 减淡工具和加深工具的图像效果对比

海绵工具能提高或降低图像中某一区域的色彩饱和度。该工具包括去色和加色两种模式，去色即降低色彩饱和度，加色即增加色彩饱和度。如图 4-83 所示为使用了海绵工具去色和加色后的图像效果对比。

图 4-83　去色和加色的图像效果对比

课后习题

根据要求做出如图 8-84 所示的效果。

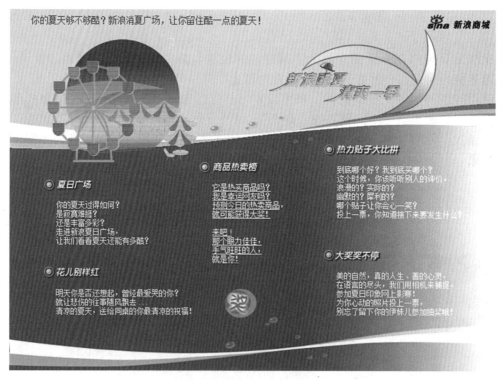

图 4-84　效果图

［基本要求］

（1）打开素材"summer_ori.psd"。

（2）进行图像的内部填充和边框填充。

4.4 网页文字设计

学习目标

- 学会在图像中加入文字。
- 学会文字的排列与变形。

文字是设计中传达信息的重要手段，如何合理地将文字和设计图结合起来已成为网页图像设计中不可轻视的一环。好的文字图像设计可以和整个网页达到相得益彰的效果。使整个网页更加有吸引力，而差的文字则会破坏整个网页的效果。

掌握文字工具的使用方法及文字格式的编排方法，与掌握图像处理技巧同样重要。在 Photoshop 中创建文本，可以使用工具箱中的文本工具。对于使用横排文字工具和直排文字工具输入的文字，可以在"字符"和"段落"面板中设置其属性。另外，Photoshop 还具有使文字变形的预设变形样式，利用这些样式，可以使文字效果更加丰富。

4.4.1 在图像中加入文字

在 Photoshop 中添加文字后，可以通过文字选项栏和"字符"面板调整文字的字体、大小、间距、颜色等属性。一行文字可以设置为不同的字体、大小、间距以及颜色，它们结合在一起能够产生丰富的文字效果。

1. 加入文字

直接选择工具箱中的文字工具，然后在图像中单击并输入文字即可。选中文字工具后，在选项档中可以设置文字的属性，如图 4－85 所示。

图 4－85　设置文字属性

下面通过一个网页页面的设计来为大家介绍如何在页面中加入文字，制作的网页页面最终的效果如图 4－86 所示。具体的操作步骤如下：

（1）新建一个大小为 760 像素 ×430 像素的画布，将"背景"图层重命名为"图层 0"，然后设置背景色为白色，设置前景色为橙色，按 Alt+Del 组合键填充前景色。

（2）新建图层，重命名为"矩形 1"图层。选择工具箱中的"矩形选框工具"，按住 Shift 键加选选区。选择"编辑"|"填充"命令，以黑色填充选区，如图 4－87 所示。

图 4－86　网页页面

图 4－87　以黑色填充选区

（3）新建图层，重命名为"矩形2"图层。使用工具箱中的"圆角矩形工具"绘制一个圆角矩形，并填充为白色，如图4-88所示。

（4）将素材"pic.tif"拖曳到画布中，使用选择工具将其放置在新建图层的画布左侧位置，如图4-89所示。

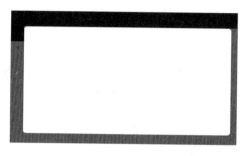

图4-88　绘制圆角矩形

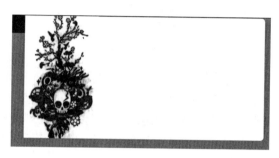

图4-89　置入位图图像

（5）选择工具箱中的"横排文字工具"，如图4-90所示。将光标放置在画布区域，可以看到，光标的形状发生了变化，像一个大写的英文字母I。在画布区域单击鼠标左键，将插入点置于画布中就可以直接输入文字了，如图4-91所示。

图4-90　文字工具

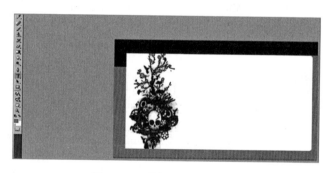

图4-91　"点方式"直接输入文字

（6）另外，使用文字工具，也可以在需要输入文本的位置使用鼠标拖曳出一个矩形，然后输入文字，如图4-92所示，可以调整文本框的大小、旋转、拉伸。

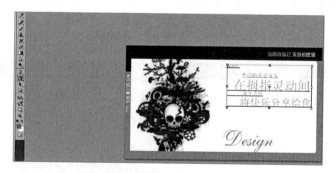

图4-92　"段落方式"输入文本块

（7）选择工具箱中的"直排文字工具"，在画布左侧输入网页的主栏目，如首页、留言板、联系信息等，如图 4-93 所示。

图 4-93　直排输入文字

提示：

选择不同的文本输入方式：

通常，输入的文本或者只有一个字，或者只有一行或一个段落。所以在 Photoshop 中对于文本的输入方式分成两种，即"点方式"和"段落方式"，如果将要输入的文本是一个字或者只有一行，这时就可以采用"点方式"来进行输入，如果想输入一个段落那么就要采用"段落方式"来进行输入。

2. 加入文字选区

如果选择了工具箱中的文字蒙版工具，则将为文字创建选区。下面使用文字蒙版工具加入文字选区，具体操作步骤如下：

提示：

文字蒙版与选区的关系：

在前面的章节中学习了选区的创建及选区的作用，可以通过选择工具选取不同形状的选区，但是文本形状的选区无法轻松地选取出来。实际上，使用文字蒙版工具创建的就是文本选区。

（1）继续前一节的制作，新建图层，然后选择"横排文字蒙版工具"。

（2）在画布中单击鼠标后，进入到呈现粉红色背景的显示中，然后输入文字，如图 4-94 所示。

（3）切换到任何一个其他的图层，可以看到，文字的选区创建出来了，如图 4-95 所示。

图 4-94　使用横排文字蒙版工具

图 4-95　建立出的选区

（4）这样，就可以对文字选区进行多种填充或描边了，这里使用橙色到白色的渐变填充选区，如图 4-96 所示。

4.4.2　文字的排列与变形

图 4-96　渐变文字效果

文字摆脱掉"纯文字"这个属性以后可以拥有更加丰富的排列方式。一般阅读的文件，文字总是一行行或一列列地整齐排列着的。这是使大量文字显得整齐、有条理的方法。但是，作为宣传广告方面的文字就可以摆脱这种限制，因为它们往往文字少而需要吸引更多的注意力。这样各种复杂的文字排列效果就应运而生了。

（1）打开素材"text_ori.psd"，使用文本工具选择"山西诺邦实业有限公司"文字后，单击选项栏中的"创建变形文字"按钮 ，如图 4-97 所示，打开如图 4-98 所示的"变形文字"对话框。

图 4-97　单击"创建变形文字"按钮

（2）在该对话框"样式"下拉列表中可以选择文字的各种变形效果，对于一段文字只能应用一种效果，选择了其他文字效果，以前的效果就消失了，不过无论选择哪种变形效果，对话框都会显示相似的信息。

- 选中"水平"单选按钮，表示文本会在水平方向变形。
- 选中"垂直"单选按钮，表示文本会在垂直方向变形。
- "弯曲"表示对文本在相应的方向上的弯曲效果。
- "水平扭曲"用来设置文字在水平方向上的扭曲效果。
- "垂直扭曲"用来设置文字在垂直方向上的扭曲效果。

（3）设置完成后，单击"确定"按钮。如图 4-99 所示的就是使用了变形文字后的排列效果。

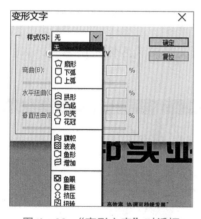

图 4-98　"变形文字"对话框

图 4-99　变形文字后的多种排列效果

4.4.3　设置注释

在 Photoshop 中可以将注释附加到图像上。这对于在图像中加入评论、制作说明或其他信息非常有用。很多时候，一个很有创意或很复杂的效果制作好了之后，时间久了通常就不记得它的制作方法了，所以可以把一些提示性信息添加到图片中。

选择工具箱中的"注释工具"，如图 4－100 所示。在选项栏中可以设置作者的姓名、文字的颜色、字号、字体等，如图 4－101 所示。

图 4－100　注释工具

图 4－101　注释工具选项栏

在画布中需要注释的位置单击鼠标左键，然后在鼠标单击的位置会添加一个小图标，并且在它的下面出现一个小窗口，在这里输入注释文本信息，如图 4－102 所示。同一张图像可以输入多个注释，每一个注释可以有不同的颜色。

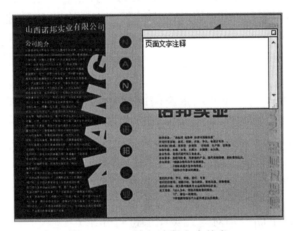

图 4－102　输入注释文本信息

课后习题

根据要求做出如图 4－103 所示的效果。

图 4－103　效果图

［基本要求］

（1）打开素材"ad_ori.psd"。

（2）对文字"谁对路，谁就是新浪！"进行变形。

4.5 使用图层进行设计

 学习目标

- 了解图层的基本概念。
- 学会使用图层样式。
- 学会使用蒙版。
- 学会使用填充图层和调整图层。

图层是 Photoshop 图像设计中的灵魂，可以说用户掌握了图层的操作，就掌握了 Photoshop 中的核心内容。所谓图层，可以理解为一张张叠放起来的透明玻璃纸，上面的玻璃纸将影响下面的玻璃纸。用户修改其中的某一层不会影响其他的层，所有的层叠加起来就形成了一幅图像。

4.5.1 图层的基本概念

为了制作图形的需要，往往使用很多的图层，这些图层排列在一起就好像一张张透明的玻璃纸叠放在一起，图层中没有图像的区域为透明，可以看到下层的内容，一个图像中所有的图层具有相同的分辨率、通道数和颜色模式。

图层与图层之间是彼此独立的。在一个图层内可以移动、添加、删除对象进行编辑，甚至改变不透明度和重叠模式，都不会影响到其他的图层。

1. 图层的分类

图层共分为 5 类，下面分别对这几类图层进行介绍。

（1）普通图层：在普通图层中可以设置图层的混合模式、不透明度，还可以对图层顺序进行调整、复制、删除等操作以及使用滤镜。

（2）文本图层：可以在该图层中输入文本，并对文本进行字体、字号、行距及对齐等设置。

（3）调整图层：调整图层在图层上自带一个图层蒙版。只有图层蒙版中没有覆盖的范围，才能对图层进行调整，产生调整效果。新建一个调整图层，在"图层"面板中图层蒙版的缩略图都是一片白色，表示整个图层都没有蒙版覆盖，也就是可以对调整图层所在的整个图层进行效果调整。如果用黑色填充蒙版的某个范围，则在蒙版缩略图上会相应地产生一块黑色的区域，表示这区域已经被蒙版覆盖，调整效果对这个区域无法产生任何调整效果。

（4）背景图层：在 Photoshop 中新建一个文件，在"图层"面板上只显示一个被锁定的图层称为背景图层，在未转化为普通图层之前，不能调换背景图层与其他图层的次序，也不能更改背景层的重叠模式，其不透明度始终为 100%。

（5）智能对象：智绘对象是一种容器，在其中可以植入光栅或矢量图像，比如植入来自其他 Photoshop 文件或 Illustrator 的光栅或矢量图像。

2. 图层面板

单击如图 4-104 所示的"图层"面板上的"创建新图层"按钮 ，可以新建图层，执行扩展菜单中的"新建图层"命令，将会弹出如图 4-105 所示的"新建图层"对话框，在这里可以设置图层的标识颜色，便于设计的时候区分。

图 4-104 "图层"面板

图 4-105 新建图层

对于已经存在的图层，如果希望改变图层的标识颜色，可以在该图层上单击鼠标右键，在弹出的快捷菜单中执行"图层属性"命令，然后在弹出的如图 4-106 所示的"图层属性"对话框中进行设置即可。

将某一图层拖动到"图层"面板中的"创建新图层"按钮 上，可以产生一个新的当前图层的副本，将某一图层拖动到"删除图层"按钮 上，可以删除当前的图层。

为了清晰地管理图层，使不同的图层分门别类地归纳到一起，Photoshop 提供了图层组的概念。单击"图层"面板中的"创建新组"按钮 ，可以创建图层的文件夹，这样，就可以将不同的图层拖曳到同一个图层组中了，如图 4-107 所示。

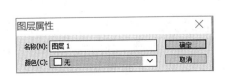

图 4-106 图层属性

图 4-107 创建新组

在"图层"面板中，"锁定"图层可以防止用户在编辑图层的时候相互影响。这时可以采用多种不同的锁定方式，从左至右分别为锁定透明像素 ⊠、锁定图像像素 ✐、锁定位置 ✛、锁定全部 🔒。

按住 Ctrl 键的同时，选择希望同时移动的图层，单击"链接图层"按钮 ∞，可以把这些图层链接起来。这经常用于多个图层的同步移动，比如把同一个标志中的不同图层链接起来，然后同步移动。

在图层之间，通过右键快捷菜单命令可以进行层与层之间的合并，包括向下合并、合并可见图层，以及拼合图像等。

3. 图层的叠放和叠加

不同的图层有着不同的空间叠放次序。使用鼠标直接在"图层"面板中拖曳就可以调整图层之间的相互叠放次序。

在"图层"面板上有两个图层选项：混合模式和不透明度。除了背景图层不能调整这两个选项外，其他图层都能对其进行调整，产生不同的图像效果。

下面通过制作一个网页页面的实例，来说明不透明度的含义：

（1）制作如图 4 - 108 所示的页面效果。打开素材"layerpic.psd"，如图 4 - 109 所示。

图 4 - 108　网页页面

图 4 - 109　打开素材

（2）打开素材"layer_ori.psd"，从素材图片中选取不同的图层素材，然后把素材复制到"layer_ori.psd"中的新图层中，最后使用移动工具将图像拖曳到各自图层中的合适位置，如图 4 - 110 所示。

（3）在"图层"面板中依次修改每张图片的不透明度为 60%，效果如图 4 - 111 所示。

图 4 - 110　排列好的位图图像

图 4 - 111　改变不透明度

如果明白了不透明度的含义，就容易理解叠加模式。叠加模式和不透明度有些类似，只不过叠加模式是指颜色效果的叠加。Photoshop 提供了多种颜色叠加模式，这一功能经常和图层的不透明度属性结合起来使用，用于图像的合成。下面通过一个给图像上色的案例进行说明：

（1）打开素材"overlay-ori.psd"，如图4-112所示。首先新建图层为背景进行上色。选择"画笔工具"，并设置相应的笔刷大小，使用黄绿色在画布中涂抹背景，如图4-113所示。

图4-112　原图像

图4-113　使用画笔涂抹

（2）将图层的"混合模式"设置为"颜色"，并将"不透明度"调整为70%，如图4-114所示。

图4-114　调整混合模式后的效果

（3）涂抹的时候，如果笔刷涂抹到头发上面，可以使用橡皮擦除头发上的黄绿色。如果希望制作太阳余晖洒在头发的效果，可以再次新建图层，使用橘红色进行涂抹，并改变图层的"混合模式"为"颜色"，将"不透明度"调整为63%，涂抹的时候，可以将头发的边缘也进行染色，如图4-115所示。

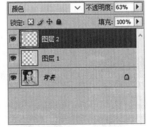
图4-115　头发的效果

（4）为了让头发的色彩更艳丽，新建图层，选中更深的橘红色，使用小一些的笔刷进行涂抹，如图4-116所示。涂抹完成后，将图层"混合模式"调整为"颜色"，适当降低不透明度，如图4-117所示。

图 4-116　使用小一些的笔刷进行涂抹

图 4-117　调整模式后的效果

（5）新建图层，使用浅些的橘红色，然后使用不同大小的笔刷涂抹人物的皮肤，改变图层的"混合模式"为"颜色"，降低不透明度，如图 4-118、图 4-119 所示。

图 4-118　涂抹皮肤

图 4-119　改变混合模式后的效果

（6）新建图层，使用粉红色，涂抹上衣区域，并改变图层的"混合模式"为"颜色"，降低不透明度，如图4-120、图4-121所示。

图4-120　涂抹上衣

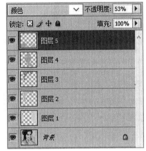

图4-121　最终的效果

4.5.2　使用蒙版

简单地说，蒙版实际上是一种选区，但是和选区又有很大的区别。当要改变图像某个区域的颜色，或者要对该区域应用滤镜或其他效果时，蒙版可以隔离并保护图像的其余部分，使之不受影响。换句话说，蒙版将用户将要处理的图像部分以外的区域封锁起来，使之不会被操作。

蒙版实际上是一种灰阶的图像，在蒙版中操作的时候，工具箱中的前景色和背景色被自动转换成黑白两色，用户如果选择其他的颜色，也被转换成了黑白中间过渡的灰色。这里的黑色实际上就是蒙版中的被保护的区域，白色是可以修改的区域，而灰色代表了一种过渡过程。通过更改图层蒙版，用户可以将大量特殊效果应用于图层。最后用户可以把图层蒙版与多层文档一起存储。

Photoshop 提供的"蒙版"面板提供了调整蒙版的附加控件，可以像处理图层一样，更改蒙版的不透明度以增加或减少显示蒙版内容，又可以像处理选区一样，反相蒙版或调整蒙版边界，如图4-122所示。单击"蒙版边缘"按钮可以打开如图4-123所示的"调整蒙版"对话框，在此可提高选区边缘的品质，并允许用户对照不同的蒙版模式以便轻松编辑。

提示：

蒙版的应用技巧如下：

在操作方面，由于蒙版的实质是一张灰度图，因此可以采用任何作图方法调整蒙版，从而得到需要的效果。由于所有显示、隐藏图层的效果操作均在蒙版中进行，因此能够保护图像的像素不被编辑，从而使工作具有很大的弹性。

图 4 - 122　"蒙版"面板

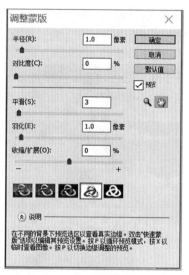

图 4 - 123　"调整蒙版"对话框

下面对如图 4 - 124 所示的网页图像使用蒙版制作特效，完成图像的合成。

图 4 - 124　原图像

（1）打开素材"layerl_ori.jpg"，双击背景图层，重命名为"图层 0"将其转换成普通层，并单击"图层"面板上的"添加图层蒙版"按钮，添加蒙版如图 4 - 125 所示。

（a）双击图层

（b）重命名

（c）添加图层蒙版

图 4 - 125　添加图层蒙版

（2）选择工具箱中的"渐变工具"，设置从黑色到白色的渐变，然后直接在画布中水平拖曳，如图 4-126 所示。

（3）此时观察"图层"面板，可以看到蒙版的图标上出现了渐变。新建图层，将其放到最下层，按 Ctrl+A 组合键选择整个图像范围，使用白色填充图层，效果如图 4-127 所示。

（4）打开素材"layer2_ori.jpg"，重复刚才的操作，拖曳出方向和刚才正好相反的渐变，形成如图 4-128 所示的效果。

图 4-126　设置从黑色到白色的渐变

图 4-127　填充后的效果

图 4-128　蒙版效果

（5）将两张图像复制到同一个文件，如图 4-129 所示的合成效果就出现了。

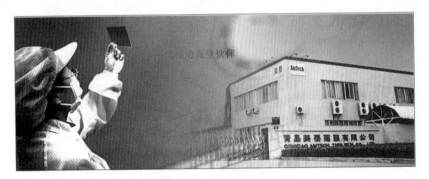

图 4-129　图像合成效果

4.5.3　使用图层样式

图层样式能够使用户为图层设置混合选项及应用丰富多样的图层效果。在"图层"面板任何一个图层上双击，即可打开如图 4-130 所示的"图层样式"对话框。用户可以在这里调整图层的不透明度及其混合模式，包括投影、内阴影、外发光、内发光、斜面和浮雕、光泽、颜色叠加、渐变叠加、图案叠加、描边等，这使基于图层的图像制作更直观简单。

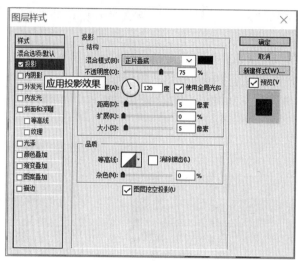

图 4－130　"图层样式"对话框

（1）打开素材"style_ori.psd"，在"图层"面板中选择"Design Trend maker!"层，如图 4－131 所示。

（2）双击该图层，打开"图层样式"对话框，设置"投影"样式，如图 4－132 所示。

图 4－131　选择图层

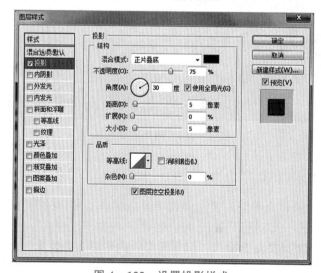

图 4－132　设置投影样式

（3）按照同样的方法继续设置"外发光"样式和"颜色叠加"样式，如图 4 - 133 所示。

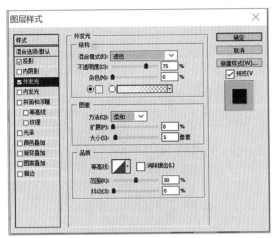

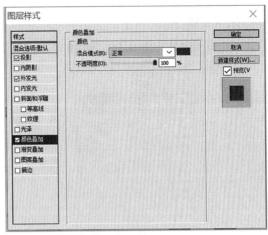

（a）"外发光"样式　　　　　　　　　　　（b）"颜色叠加"样式

图 4 - 133　设置外发光样式和颜色叠加样式

（4）设置完成后，单击"确定"按钮。可以看到图中文字应用了不同样式的图层效果，如图 4 - 134 所示。

图 4 - 134　应用了不同样式的图层效果

4.5.4　填充图层和调整图层

填充图层和调整图层是对图像色彩优化的高级操作。单击"图层"面板下方的"创建新的填充或调整图层"按钮，在打开的菜单中即可选择具体的类型，如图 4 - 135 所示。或者打开如图 4 - 136 所示的"调整"面板，也可以添加调整图层。在"调整"面板中找到用于调整颜色和色调的工具，单击工具图标以选择调整并自动创建调整图层。为了方便操作，"调整"面板具有常规图像校正的一系列调整预设，包括色阶、曲线、曝光度、色相 / 饱和度、黑白、通道混合器以及可选颜色等。

填充图层分为 3 种，分别是纯色填充、渐变填充和图案填充。这个层非常灵活，可以随时显示或隐藏其效果。双击图层的蒙版图标可以调整该层的不透明度，或者双击纯色填充层的图标，修改填充色的颜色。使用调整图层可以对图像的颜色或色调进行调整，调整的内容就是本书"色彩调整"中介绍的，但是和色彩调整不同的是，这种调整不会

網页设计制作基础教程（Dreamweaver+Photoshop+Flash）

修改图像中的像素信息。这种颜色或色调的更改是建立在一个新的调整图层内，下面的图层透过该图层显示出来。该图层的显示与关闭会影响色彩调整的效果，这无疑给设计者带来很大的方便。

图 4－135　创建新图层

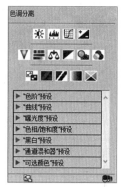

图 4－136　"调整"面板

课后习题

根据要求做出如图 4－137 所示的效果。

图 4－137　效果图

［基本要求］

（1）新建文档。

（2）打开素材"Sport.psd"制作页面效果。

（3）进行相应的图层样式设置。

4.6　使用路径创建图形

学习目标

- 学会使用路径创建图形。
- 学会路径的选择与调整。

　　路径是 Photoshop 的三大核心概念之一，它不仅在 Photoshop 中有广泛的应用，而且在 Illustrator 等矢量软件中更是举足轻重。路径形状是由锚点控制的，所以如何利用锚点勾勒出需要的路径是本模块的重点。

4.6.1　使用形状工具

　　路径由直线或曲线构成。使用钢笔工具、多边形工具绘制的任何线段或形状都称为路径。如图 4 - 138 所示中 A 到 B 之间的曲线就是一条曲线路径。锚点就是这些线段的端点，A 和 B 点即是该曲线路径的锚点。当选中一个锚点，该锚点上会显示一条或两条方向线，A 到 C、B 到 D 和 B 到 E 都是方向线。而每一条方向线都有一个方向点，C、D、E 都是方向点。曲线的大小、形状都是通过方向线和方向点来调节。

　　形状工具包括矩形工具、圆角矩形工具、椭圆工具、多边形工具、直线工具、自定义形状工具，如图 4 - 139 所示。

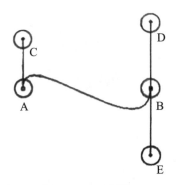

图 4 - 138　路径

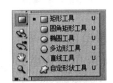

图 4 - 139　形状工具

　　Photoshop 还提供了不规则形状的绘制，如图 4 - 140 所示。选择其中的图形，使用鼠标拖曳，就可以绘制不规则形状了。

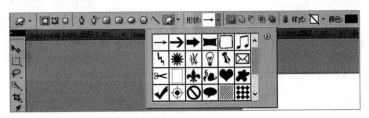

图 4 - 140　不规则形状

　　本例使用圆角矩形工具绘制标志形状，使用自定形状工具绘制图案，最后运用图层的渐变样式填充色彩，制作如图 4－141 所示的网站标志。

　　（1）新建文档，打开"图层"面板，单击"创建新图层"按钮，建立"图层 1"图层。

　　（2）选择工具箱中的"圆角矩形工具"，然后在选项栏中单击"填充像素"图标，并设置"半径"为 10px，然后设置前景色为 #FF7200，按住 Shift 键在画布中拖曳鼠标，创建一个标志形状。选中此图形并按住 Alt 键，使用鼠标在图层面板中拖曳复制 3 个同样的图形，调整位置组成如图 4－142 所示的图形。

图 4－141　网站标志

图 4－142　复制并组合图形

　　（3）设置前景色为 #03BC19，然后选择工具箱中的"油漆桶工具"，对相应的图形填充颜色，如图 4－143 所示。

　　（4）新建一个图层，单击工具箱中的"矩形工具"，在选项栏中单击"自定形状工具"图标，再从"形状"弹出面板中选择"信封"形状，设置前景色为" #FFFFFF"绘制出一个"信封"形状，移动形状位置如图 4－144 所示。

图 4－143　填充颜色

图 4－144　绘制信封形状

　　（5）新建一个图层，在选项栏中单击"自定形状工具"图标，从"形状"弹出面板中选择"对勾"形状，绘制一个"对勾"形状，如图 4－145 所示。

　　（6）再新建两个图层，并选择自定形状进行绘制，最终完成如图 4－146 所示的样式。

图 4－145　绘制自定形状

图 4－146　绘制完成的形状图标

　　（7）打开"图层"面板选择"图层 1"图层，然后按住 Ctrl 键，分别单击"图层 1"的 3 个副本图层，然后单击鼠标右键，在弹出的快捷菜单中执行"合并图层"命令。

（8）再选中合并的新图层，单击"添加图层样式"按钮，在弹出的对话框中选择"投影"样式，设置"投影"样式参数如图 4 – 147 所示。

（9）设置"渐变叠加"样式，完成后单击"确定"按钮，如图 4 – 148 所示。

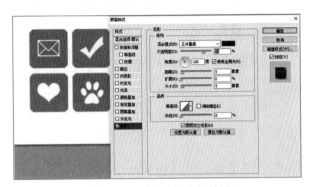

图 4 – 147　投影样式与效果

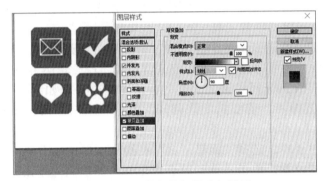

图 4 – 148　渐变叠加样式与效果

（10）在"图层"面板中选择"图层 2"图层，然后按住 Ctrl 键，分别单击其他 3 个图层，单击鼠标右键。在弹出的快捷菜单中执行"合并图层"命令，再选中合并的新图层，单击"添加图层样式"按钮，在弹出的对话框中选择"外发光"样式，设置"外发光"样式如图 4 – 149 所示，完成后单击"确定"按钮。

（11）打开素材"soso.psd"，然后单击工具箱中的"移动工具"图标，将文件中的图形拖曳到刚刚绘制的图像中，调整"soso.psd"图形的大小和位置即可，如图 4 – 150 所示。

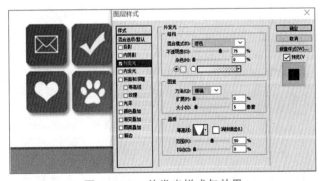

图 4 – 149　外发光样式与效果

图 4－150　拖曳图形

4.6.2　绘制路径

钢笔工具是一种矢量绘图工具，可以精确地绘制直线或光滑的曲线。钢笔工具组包括钢笔工具、自由钢笔工具、添加锚点工具、删除锚点工具、转换点工具，如图 4－151 所示。

图 4－151　钢笔工具组

1. 使用钢笔工具与自由钢笔工具

使用钢笔工具，可通过拖动各个点来修改直线和曲线路径段，通过拖动点手柄来进一步修改曲线路径段，还可通过转换各个点来将直线路径段转换为曲线路径段。

如果希望绘制直线，选择"钢笔工具"在绘图区单击，如图 4－152 所示，然后再确定下一个点的位置即可。若要封闭该路径，单击所绘制的第一个点。封闭路径的起点和终点相同。

若要绘制曲线路径段，选择"钢笔工具"在绘图区单击放置第一个角点，然后将钢笔移动到下一个点的位置，单击并拖动就会产生一个曲线点。单击并拖动一个新点，即可产生一个曲线点；如果只单击，则产生一个角点，如图 4－153 所示。

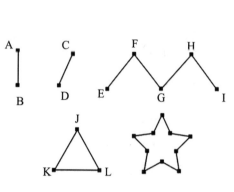

图 4－152　绘制直线路径

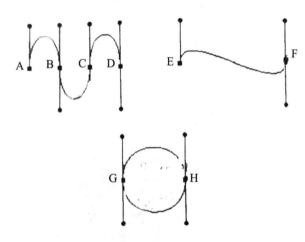

图 4－153　绘制曲线路径

技巧：

要结束一个开放路径的绘制，按住 Ctrl 键的同时，单击路径外任意位置。要使绘制的路径呈水平、垂直或 45° 角，在绘制时按住 Shift 键。

使用"自由钢笔工具"绘制路径，只需单击鼠标左键在图像上直接拖动，即可自动生成路径和锚点。如图 4 - 154 所示的是自由钢笔工具选项栏。

图 4 - 154　自由钢笔工具选项栏

在"自由钢笔工具"选项栏中勾选"磁性的"复选框，可以绘制与图像中定义区域的边缘对齐的路径。

2. 路径的选择与调整

路径选择工具包括"路径选择工具"和"直接选择工具"，如图 4 - 155 所示。

"路径选择工具"可以进行路径的移动、组合、排列、分布和变换。"直接选择工具"用来移动路径中的锚点和线段，以及调整方向线和方向点。调整时对其他的点或线不产生影响，而且被调整的锚点不会改变锚点性质。

在工具箱中选择"添加锚点工具"，把光标移到需要添加锚点的路径上，光标的右下方出现一个"＋"，单击即可添加锚点；选择"删除锚点工具"，把光标移到需要删除的锚点上，光标的右下方出现一个"－"，单击即可删除锚点。

转角点两侧的线段可以是曲线或直线。也就是说这类锚点两侧伸出的方向线和方向点具有独立性，当调节一个方向点时，另一个不受影响。这样可以调节所连接的两条线段中的一条，而另一条不受影响。

平滑点是两段曲线的自然连接点。这类锚点的两侧各有一个方向线和方向点。当调节一个方向点时，另一个方向点也随着做对称移动，如图 4 - 156 所示。

图 4 - 155　路径选择工具

图 4 - 156　转角点和平滑点

使用"转换点工具"可以实现转角点和平滑点之间的类型转换。在工具箱中选择"转换点工具"，在锚点上单击可以收回方向线和方向点。单击并拖动锚点可以拖出方向线和方向点。单击方向点可以使平滑点变为转角点。或在使用钢笔工具时，按住 Alt 键单击锚点即可转换转角点和平滑点。

下面利用路径工具来创建新浪网站标志，具体操作步骤如下：

（1）新建一个大小为 640 像素 ×675 像素的画布，设置前景色为黄色，并填充画布。使用"钢笔工具"绘制 4 条不规则路径，创建如图 4 - 157 所示的路径。

（2）单击"路径"面板中的"将路径作为选区载入"按钮，将路径转换为选区，使用红色和黑色填充眼眶和眼球，然后对这两个部分的图层添加斜面和浮雕效果，参数

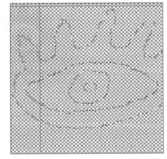

图 4 - 157　创建路径

设置如图4-158所示。

（3）选择眼眶内部的选区，然后新建图层，以白色填充，形成如图4-159所示的效果。

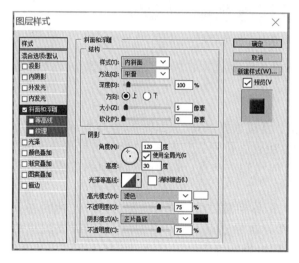

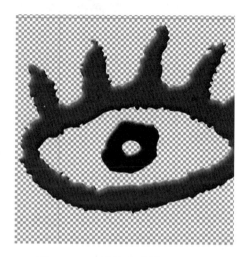

图4-158　斜面和浮雕设置

图4-159　当前的效果

（4）新建图层，将素材"logo_1.psd"拖曳到眼睛右侧，将该图层拖曳到眼睛图层下方，为该图层添加蒙版，然后使用"渐变工具"在蒙版上创建从黑色到白色的放射性渐变，如图4-160所示。

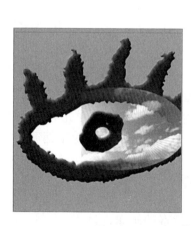

图4-160　添加蒙版后的效果

（5）新建两个图层，分别在这两个图层中创建黑色和橙黄色渐变的填充，然后将渐变的部分添加斜面和浮雕效果，如图4-161所示。

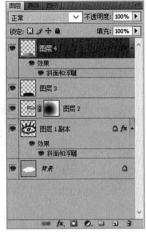

图 4 - 161　在两个图层中创建黑色和橙黄色渐变的填充

（6）使用文字选区工具创建"大开眼界"文字选区，新建图层，执行菜单栏上的"选择"|"变换选区"命令将该选区变形，使用"渐变工具"进行色彩填充，为该图层添加斜面和浮雕特效，如图 4 - 162 所示。

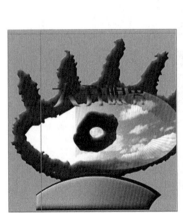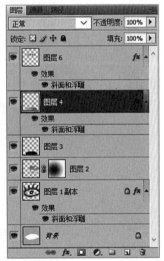

图 4 - 162　立体文字

（7）新建图层，放置在该文字图层下方，然后执行菜单栏上的"选择"|"修改"|"扩边"命令，将该选区扩展 3 个像素，然后进行白色的填充，效果如图 4 - 163 所示。

（8）输入"新浪网 2020.5"文字，为了创建出有层次的文字感，可以输入两次，然后将这两段文字错开一点位置，输入其他有关的文字，并将素材"logo_2.psd"拖曳到画布右上角，添加新浪网标志，如图 4 - 164 所示。

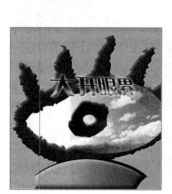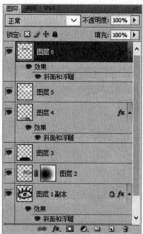

图 4 - 163　当前的效果

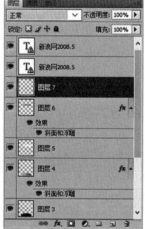

图 4 - 164　添加标志

课后习题

根据要求做出如图 4 - 165 所示的效果。

图 4 - 165　效果图

［基本要求］
（1）新建文档。
（2）使用路径进行标识的制作。

4.7 提高网页图像设计效率

学习目标

- 学会使用常用滤镜。
- 学会使用动作。
- 学会使用批处理和自动化。

在创建网站的过程中经常要对大量的图像采用同样的操作，若一个个进行处理要消耗大量时间，而且如果处理过程复杂，各项参数设置比较多也容易出错。使用 Photoshop 中的动作、批处功能可以快速处理复杂的情况，并且提高工作效率。另外，使用 Photoshop 中的滤镜可以快速处理那些包含复杂效果的图像。

4.7.1 使用常见滤镜

滤镜的功能是改进图像和产生特殊的影像效果。Photoshop 提供了 13 类 100 多种不同的滤镜。滤镜的使用非常简单，从滤镜菜单中选择某种滤镜后，在弹出的对话框中对该滤镜进行参数设置，确定后滤镜效果就作用在图像上了。

选择"滤镜"|"滤镜库"命令，打开"滤镜库"对话框，如图 4-166 所示。在该对话框左侧是预览区域，中间是不同类型滤镜的折叠面板，右侧则是选择滤镜的参数设置区域。

图 4-166 "滤镜库"对话框

技巧：

快速重复使用滤镜：

最后一次使用的滤镜会出现在"滤镜"菜单的顶部。如果选择使用，则按原滤镜的设置作用到图像上。滤镜不仅可以重复使用，还可以不同的滤镜结合使用。

"艺术效果"滤镜子菜单中的滤镜可以模仿自然或传统介质效果，使图像呈现不同于通常状态的一种效果。该滤镜必须在 RGB 模式下使用，部分效果如图 4-167 所示。

图 4-167　艺术效果滤镜效果

"模糊"滤镜用于柔化、修饰一幅影像或一个选择区域。通过转化像素的方法平滑处理影像中生硬的部分，使图像中对比强烈的像素间柔和过渡，或者在图像中必要的像素区域添加适当的阴影，使整个图像看起来更柔和。部分效果如图 4-168 所示。

图 4-168　模糊滤镜效果

"画笔描边"滤镜使用不同的画笔和油墨描边效果创造出绘画效果的外观。有些滤镜向图像添加颗粒、绘画、杂色、边缘细节或纹理，以获得点状化效果。部分效果如图 4-169 所示。

图 4-169　画笔描边滤镜效果

"扭曲"滤镜使图形产生不同程度和效果的扭曲，如波浪效果、波纹效果等，如图 4-170 所示。

图 4-170 扭曲滤镜效果

"杂色"滤镜随机地给图像增加或减少杂点。增加杂点可以消除图像在混合时出现的色彩，或将图像的某一部分更好地融合于周围背景中，"减少杂点"通过减少不必要的杂色提高图像的质量。部分效果如图 4-171 所示。

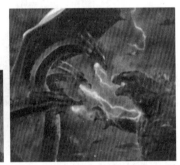

图 4-171 杂色滤镜效果

"像素化"滤镜主要用来将图像分块，使图像看起来像是许多小块组成的，或将图像平面化。它在图像中以区块为单元，使色彩相似的区块单元形成块状像素区。部分效果如图 4-172 所示。

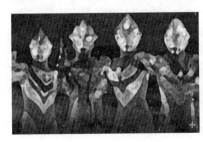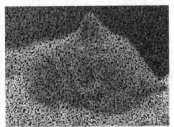

图 4-172 像素化滤镜效果

　　"渲染"滤镜对图像产生光照、云彩以及特殊的纹理效果。部分效果如图 4-173 所示。

图 4-173　渲染滤镜效果

　　"锐化"滤镜通过增加相邻像素的对比度来使模糊的图像清晰。部分效果如图 4-174 所示。

图 4-174　锐化滤镜效果

　　"素描"滤镜主要对图像进行快速描绘，产生速写的图像效果，也可以用于产生手绘和艺术效果。部分效果如图 4-175 所示。

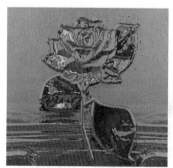

图 4-175　素描滤镜效果

　　"风格化"滤镜通过取代像素和增加对比度的处理方式，查找边缘跟踪轮廓，效果显著。部分效果如图 4-176 所示。

图 4 - 176　风格化滤镜效果

　　"纹理"滤镜使影像的表面纹理或深部材质产生变化，修饰性较强。部分效果如图 4 - 177 所示。

图 4 - 177　纹理滤镜效果

　　"其他"滤镜主要包括"高反差保留""位移""自定""最大值""最小值"等。部分效果如图 4 - 178 所示。

图 4 - 178　其他滤镜效果

4.7.2　使用动作

　　通过"动作"面板可以将一系列命令组合为一个动作，使执行任务自动化。使用动作可以处理一个图像文件或位于同一文件夹中的多个图像文件。如果将该动作保存，以后可以反复使用。在 Photoshop 中可以创建一系列动作，并通过动作组对其进行组织管理。如图 4 - 179 所示的就是"动作"面板。可展开或折叠一个动作组中的全部动作或一个动作中的全部命令，如图 4 - 180 所示。

　　在"动作"面板上选择要使用的动作，单击"播放选定的动作"按钮，即可将当前选择的动作应用到图像上。如果选择的是动作中的某一步操作，则作用到图像上的动作是从该操作之后的动作。单击"动作"面板右上角的扩展按钮，在打开的扩展菜单中选择"按钮模式"选项，可以进入按钮模式下的面板，在按钮显示模式下，单击动作的按钮，即可对图像应用动作。如果希望单步播放动作，选中该步骤后，按住键盘上的 Ctrl

键的同时并单击播放按钮即可。

图 4-179 "动作"面板

图 4-180 展开动作

提示：关于动作应用对象的类型。

在"动作"面板中，有些动作后面会在括号中标明动作应用的对象类型，标明"选区"的只能将动作应用于选区，标明"文字"的只能将动作应用于文字层，标明"图层"的只能将动作应用于普通层。

4.7.3 使用批处理和自动化

动作使网页设计者从对一张图像的多次重复性的劳动中解脱出来，而批处理和自动化可以使用户在很短的时间内完成多张图像的多次重复性劳动。

1. 使用批处理

在 Photoshop 中动作只是针对某一个文件进行操作，可是在实际操作中，往往要对多个文件进行动作处理，这就需要用到批处理功能。简单地说，批处理完成的就是多个文件的同一个动作。选择"文件"|"自动"|"批处理"命令，在弹出的如图 4-181 所示的"批处理"对话框中设置要处理的图片和要执行的动作，即可处理出相关的效果。

图 4-181 "批处理"对话框

执行菜单栏上的"文件"|"自动化"|"创建快捷批处理"命令，在弹出的如图 4 – 182 所示对话框中创建快捷批处理文件。若要再执行此操作，将需要处理的图像文件或者包含了大批图像文件的文件夹直接拖动到快捷批处理文件的图标上即可。

图 4 – 182　创建快捷批处理对话框

2. 使用自动化

严格地说，动作和批处理本身就是一种自动化的处理。这里所说的自动化指的是 Photoshop 能够完成的一些特殊的功能。例如，通过"文件"|"自动化"|"Photomerge"命令可以接合以往需要影像接合软件才能制作的全景照片。下面以拼合照片为例，介绍自动化任务的实现方法。

（1）打开素材"1.tif""2.tif""3.tif"3 张照片，如图 4 – 183 所示。

图 4 – 183　3 张原始图片

（2）执行菜单栏上的"文件"|"自动化"|"Photomerge"命令，打开如图 4 – 184 所示的对话框。左侧列表框中是拼合的效果选项，选择不同的选项，可以制作出不同的拼合效果。

（3）单击"浏览"按钮选择刚才的 3 张照片，然后单击"确定"按钮。

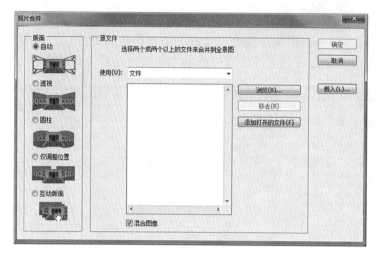

图 4-184　Photomerge 对话框

（4）查看拼合后的图像效果，发现图片拼合的时候留下很多空白的位置，如图 4-185 所示。

图 4-185　查看接合效果

（5）使用工具箱中的"裁剪工具"裁剪图像，得到最终效果，如图 4-186 所示。

图 4-186　最终效果

4.8　网页图像输出

学习目标

● 学会优化网页图像。

- 学会使用切片切割图像。
- 学会网页输出。

图像在网络上发布要考虑到传输速率，所以制作 Web 图像时，在保证图像效果和质量的前提下，尽可能使文件小，便于在网络上快速下载。所谓"优化"就是在保证图像质量的前提下压缩图像的过程。切片是把一个完整图像切割成若干个不同的部分，保存时导出多个独立的图像文件。每一个切片图像可以指定不同的 URL 链接、ALT 标签和不同的优化设置，还可以直接保存为 HTML 文件，把切割后的零散部分通过 HTML 的表格重组起来。在学习了大量图像设计的方法、技巧，对设计完成的图像进行优化、切片的操作以后，面对网页图像设计，剩下的任务就是导出图像了。

4.8.1 优化网页图像

对于应用在 Web 上的图形图像来讲，优化压缩是永恒的话题。通过调整图像的显示质量，进而改变图像文件尺寸的大小。网页图形设计的最终目标是创建能够尽可能快地下载的优美图像。为此，必须在最大限度地保持图像品质的同时，选择压缩质量最高的文件格式。这种平衡行为就是优化，即寻找颜色、压缩和品质的适当组合。

在 Photoshop 中优化图像要注意以下几点：

（1）选择最佳文件格式。每种文件格式都有不同的压缩颜色信息的方法，为某些类型的图形选择适当的格式可以大大减小文件大小。

（2）设置格式特定的选项。每种图形文件格式都有一组唯一的选项，可以用诸如色阶这样的选项来减小文件大小。某些图形格式（如 GIF 和 JPEG）还具有控制图像压缩的选项。

（3）调整图形中的颜色（仅限于 8 位文件格式）。可以通过将图像局限于一个称为调色板的特定颜色集来限制颜色，然后修剪掉调色板中未使用的颜色。调色板中的颜色越少意味着图像中的颜色也越少，调色板图像文件类型的文件大小也越小。

1. Web 图像格式

Web 上主要用到以下 3 种图像格式：GIF、JPEG 和 PNG-8 或 PNG-24。

（1）GIF 格式是网页图形中很流行的格式，虽然它最多只支持 8 位彩色（256 种颜色），但是它支持动画和透明（这可以使图像边缘和 Web 页面背景颜色相融合），并且提供了非常出色的、几乎没有质量损失的图像压缩，因此它适合用于卡通、图形、Logo 或对颜色数目要求不高的图像。

（2）JPEG 格式是一种有损压缩，它的特点是文件较小、支持 24 位真彩色（数百万种色彩），但是在压缩时损失了一部分图像质量，因此它一般在特别重视色彩的情况下使用，例如扫描的照片、带材质的图像、渐变过渡图像等。

（3）PNG 是一种非常灵活的图像格式，它采用类似 GIF 的无损压缩算法，也支持 JPEG 有损压缩算法，是创建透明、高色彩图像不错的选择。

如图 4-187 所示，左面的图像适用于存储为 GIF 格式，右面的图像适用于存储为 JPEG 格式。

图 4 - 187　GIF 和 JPEG 图像

2. 优化 JPEG 图像

JPEG 是 Joint Photographic Experts Group 的缩写，是特别为照片图像设计的替换 GIF 的文件格式，支持数百万种色彩。JPEG 是损耗的格式，意味着在压缩时一些图像数据被丢弃了，这降低了最终文件的质量。然而图像数据被抛弃得很少，不会在质量上有非常明显的不同。

当输出成 JPEG 时，使用"存储为 Web 和设备所用格式"对话框"优化"选项卡中的"品质"选项来控制压缩文件时保留数据的百分比。高百分比设定保持较高的图像质量，但压缩得较少，文件尺寸较大。低百分比设定产生较小尺寸的文件，但图像质量较低。具体操作步骤如下：

（1）打开素材"Photo.psd"，执行菜单栏中的"文件"|"存储为 Web 和设备所用格式"命令，打开如图 4 - 188 所示的窗口。在"原稿"选项卡中可查看未优化的图像。"优化"选项卡中可查看应用了当前设置的图像。"双联"和"四联"选项卡中可查看图像的两个或四个优化效果。如果用户希望输出哪一个选项卡中的图像，切换到该选项卡，然后单击"完成"按钮即可。

（2）在窗口右侧可以详细设置图像文件的优化格式，如图 4 - 189 所示。这里提供了 3 种 JPEG 的图像质量，分别是 JPEG 高、JPEG 中、JPEG 低，选中了任何一种 JPEG 质量后，就可以设置具体的参数了。在"压缩质量"下拉列表中可以选择"低""中""高""非常高""最佳"多种等级。等级越高图像质量越好，文件大小也就越大，通常选择"中"即可。对应的"品质"选项可以设置更精确的品质值，取值范围通常在 50 ～ 60 比较合适。"连续"可以输出一种类似 GIF 文件格式中"交错"存储的效果。"模糊"可对图像平滑模糊处理的程度进行设置。

（3）设置完成后，单击"存储"按钮，JPEG 图像就将被导出了。

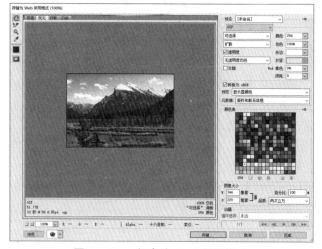

图 4 - 188　保存为 Wed 所用格式

图 4 - 189　进行优化设置

3. 优化 GIF 图形

图形交换格式 GIF 是网页图形中很流行的格式。虽然它仅包括 256 种色彩，但是 GIF 提供了出色的、几乎没有丢失的图像压缩，并且 GIF 可以包含透明区域和多帧动画。无损压缩图像一般不降低图像质量。GIF 靠水平扫描像素行，找到固定的颜色区域进行压缩，然后减少同一区域中的像素数量。因此，当输出成 GIF 格式时，带有重复固定颜色区域的图像被很大程度压缩，非常适合输出卡通、图形、Logo、带有透明区域的图形和动画等。具体操作步骤如下：

（1）打开素材"Logo.psd"，执行菜单栏中的"文件"|"存储为 Web 和设备所用格式"命令，在打开窗口右侧的参数面板中的"预设"下拉列表中提供了多种 GIF 图像的优化，分别是 GIF128 仿色、GIF128 无仿色、GIF32 仿色、GIF32 无仿色、GIF64 仿色、GIF64 无仿色和 GIF 限制，其中的数字代表颜色数量，如图 4-190 所示。

（2）选中了任何一种 GIF 质量后，就可以设置具体的参数了。"损耗"选项设置有损压缩的程度。"仿色"选项设置仿色的方法和程度，其值为 0 时完全不仿色，为 100 时完全仿色。"杂边"选项为不透明度变化区域的背景颜色。勾选"交错"复选框，图像的不同部分同时载入，再由模糊到清晰。如果 GIF 文件比较大，勾选该复选框让人感觉下载速度快。其他选项一般采用默认设置即可。

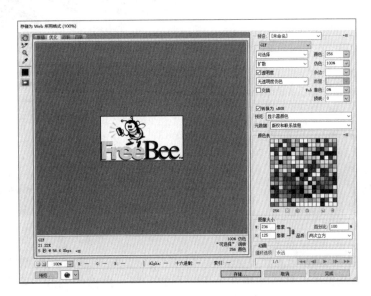

图 4-190 优化 GIF 图形

（3）设置完成后，单击"存储"按钮，GIF 图形就将被导出了。

技巧：怎样使 GIF 图形尺寸更小？

尽管从理论上说，GIF 文件是无损的，但是在实际上，有时候若要让 GIF 文件压缩得比通常还小，可以在"优化"选项卡中进行损耗设置。这个值越高，压缩得越多，图像质量也就越低。

4.8.2 使用切片切割图像

图片的切割是 Photoshop 中的一个非常重要的功能。以前手工切割图片是非常困难的事情，在制作过程中往往要花大量的时间，所以很多时候网页设计者都避开此环节，或者使用图像热点来实现预期的效果。但是使用图像热点有很多不尽如人意之处，相比之下图片切割使用起来要灵活得多。下面就是切割图片的长处所在：

● 切割图片后，可以对图片的各个部分分别进行压缩、优化，这样可将一整张尺寸非常大的图片分割成若干张小图片，使得浏览者在浏览网页时，加快图像的显示速度。

● 一整张图片经过切割后，它的每一部分既可以使用 GIF 格式也可以使用 JPEG 格式进行存储。因此，不同部分可以使用不同文件格式所带来的优点。

● 使用切割图片功能可以实现图片上滚的动态效果。

另外，在制作网页的时候可能会遇到这样一种情况，那就是多个页面都要使用到同一张图的某些部分，所以只要对这张图进行很小的改动就可以了。如果不使用切片，浏览者每浏览一页都要下载一张大图片，其下载速度可想而知。使用切割图片可以很好地解决该问题。

如图 4-191 所示的就是 Photoshop 的切片和切片选择工具。下面使用这两个工具来完成如图 4—192 所示的网页页面的切片输出。

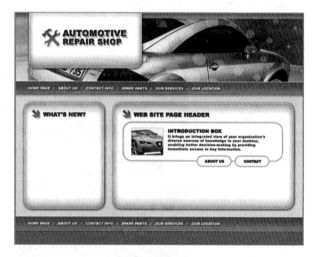

图 4-191　切片和切片选择工具　　　　　　图 4-192　网页页面

（1）打开素材"Layout.psd"，选择"切片工具"，切割的时候在要创建切片的区域上拖动鼠标。按住 Shift 键并拖动可切出正方形的区域。图像中切片从左上角开始，从左到右、从上到下编号。深颜色的编号区称为用户切片，是人工切割而成；浅颜色的编号区称为自动切片，是 Photoshop 自动创建而成，所有这些切片都会被输出，如图 4-193 所示。

（2）切片的设置完成后，就可以对每一个切片进行优化了。

（3）选择"文件"|"存储为 Web 和设备所用格式"命令，弹出"存储为 Web 和设备可用格式"窗口，单击"预览"按钮，直接在浏览器中查看效果，如图 4-194 所示。最终的切片在浏览器中被拼合在一起，形成了一个完整的页面。

（4）预览完成后，单击"存储"按钮，弹出对话框。设置"文件名"为"layout.html"，"保存类型"为"HTML 和图像"，单击"保存"按钮，可以看到 Photoshop 导出了一个 HTML 文件和一个图像的文件夹。双击 HTML 文件图标，浏览器中就显示了页面的效果。这个文件可以使用 Dreamweaver 来完成后期的编辑制作。

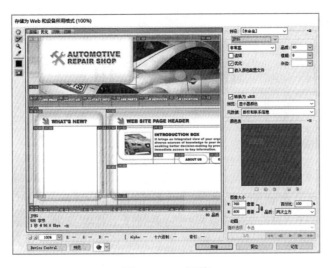

图 4-193　切片

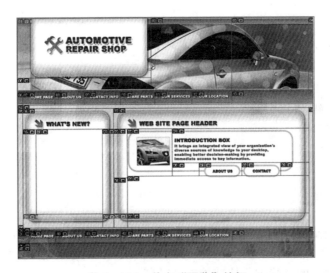

图 4-194　单击"预览"按钮

技巧：有效合理地规划切片。

在规划切片的时候，要尽量将网页图像整齐地分成几个横向的块，这样在改变 HTML 文档中表格的结构时，会避免一些麻烦。切片工具虽然可以随意地切割图片，但切片过多会导致切片不位于同一行、列，或同一行列的切片大小不等，使自动生成的页面的表格更复杂，浏览器处理起来要花费不少时间，延迟了下载速度，是不可取的。图像的每一个切片对应到页面中都是一个表格的单元格，所以在制作切片的时候，同一行、列尽量保持相同的高度和宽度，而不同行或列再分列或行的时候，数值尽量一致，这样使页面的表格结构简单易读，缩短了浏览器的处理时间。

模块五

测试和发布

网页制作完毕要发布到网站服务器上，才能让别人观看。现在上传用的工具很多，既可以采用专门的 FTP 工具，也可以采用网页制作工具本身带有的 FTP 功能。网站发布以后，必须进行推广才能让更多的人知道。

学习目标

- 掌握测试站点。
- 掌握配置 Web 服务器的方法。
- 掌握配置 FTP 服务器的方法。
- 掌握发布网站。
- 了解网站维护。

5.1 测试站点

整个网站中有成千上万的超级链接，发布网页前需要对这些链接进行测试。如果对每个链接都进行手工测试，就会浪费很多时间，Dreamweaver 中的"站点管理器"窗口就提供了对整个站点的链接进行快速检查的功能。

5.1.1 检查链接

如果网页中存在错误链接，这种情况下是很难察觉的。采用常规的方法，只有打开网页，单击链接时才能发现错误。使用 Dreamweaver 可以帮助快速检查站点中网页的链接，避免出现链接错误。对当前站点检查链接的具体操作步骤如下：

（1）启动 Dreamweaver CS6，打开站点中的一个网页文件，选择"站点"|"检查站点范围的链接"命令，Dreamweaver 将会自动为站点检查链接。检查结果出来后将会在"链接检查器"面板中显示出来，如图 5－1 所示。

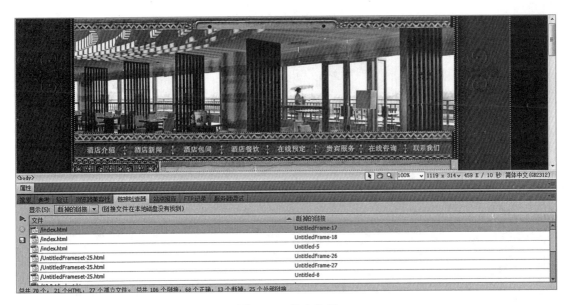

图 5-1　检查结果

（2）在"链接检查器"面板中的"显示"下拉列表中选择"断掉的链接"选项，将会在下面的列表框中显示出站点中所有断掉的链接。

（3）在"链接检查器"面板中的"显示"下拉列表中选择"外部链接"选项，将会在下面的列表框中显示出站点中包含外部链接的文件，如图 5-2 所示。

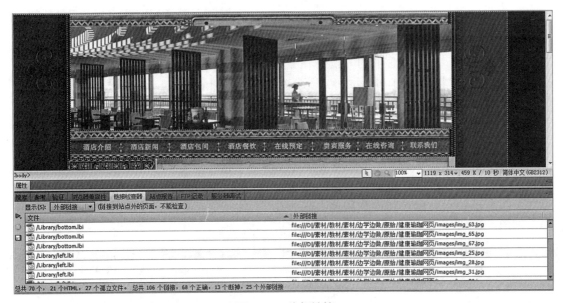

图 5-2　外部链接

（4）在"链接检查器"面板中的"显示"下拉列表中选择"孤立文件"选项，将会在下面的列表框中显示出站点中所有的孤立文件，如图 5-3 所示。

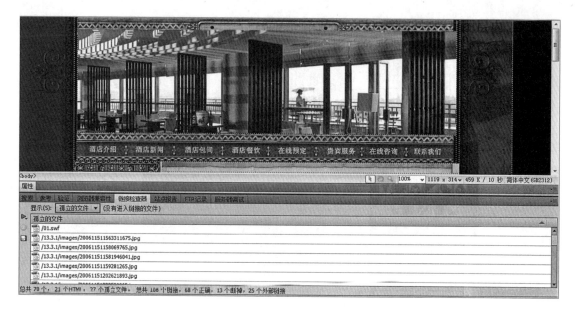

图 5-3　孤立文件

5.1.2　站点报告

可以对当前文档、选定的文件或整个站点的工作流程或 HTML 属性（包括辅助功能）运行站点报告。使用站点报告可以检查可合并的嵌套字体标签、辅助功能、遗漏的替换文本、冗余的嵌套标签、可删除的空标签和无标题文档。具体操作步骤如下：

（1）选择"站点"|"报告"命令，弹出"报告"对话框，在对话框中的"报告在"下拉列表中选择"整个当前本地站点"选项，"选择报告"列表框中勾选"多余的嵌套标签""可移除的空标签""无标题文档"复选框，如图 5-4 所示。

（2）单击"运行"按钮，Dreamweaver 会对整个站点进行检查。检查完毕后，将会自动打开"站点报告"面板，在面板中显示检查结果，如图 5-5 所示。

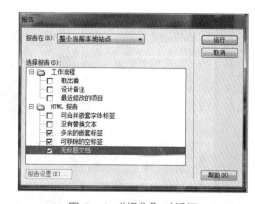

图 5-4　"报告"对话框

图 5-5　站点报告面板

（3）在面板中双击第一个描述为"空标签"的文件，将会自动打开其页面文件，并选中空标签，可以进行编辑。

5.1.3 清理文档

清理文档就是清理一些空标签或者在 Word 中编辑时所产生的一些多余的标签，具体操作步骤如下：

（1）打开需要清理的网页文档。

（2）选择"命令"|"清理 HTML"命令，弹出"清理 HTML/XHTML"对话框。在对话框中的"移除"选项中勾选"空标签区块"和"多余的嵌套标签"复选框，或者在"指定的标签"文本框中输入所要删除的标签，并在"选项"中勾选"尽可能合并嵌套的 <font> 标签"和"完成时显示动作记录"复选框，如图 5-6 所示。

（3）单击"确定"按钮，Dreamweaver 自动开始清理工作。清理完毕后，弹出一个提示框，在提示框中显示清理工作的结果，如图 5-7 所示。

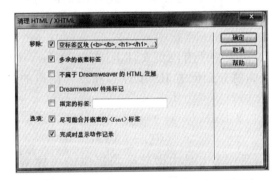

图 5-6 "清理 HTML/XHTML"对话框

图 5-7 显示清理工作的结果

（4）选择"命令"|"清理 Word 生成的 HTML"命令，弹出"清理 Word 生成的 HTML"对话框，如图 5-8 所示。

（5）在对话框中切换到"详细"选项卡，勾选需要的选项，如图 5-9 所示。

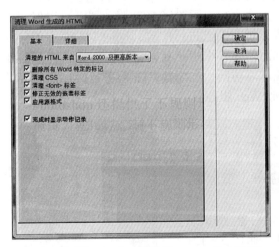

图 5-8 "清理 Word 生成的 HTML"对话框

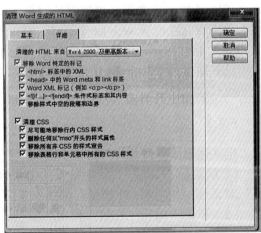

图 5-9 "详细"选项卡

（6）单击"确定"按钮，清理工作完成后显示提示框，如图 5 - 10 所示。

图 5 - 10　提示框

5.2　发布网站

当网站制作完成以后，就要上传到远程服务器上供浏览者预览，这样所做的网页才会被别人看到。网站发布流程：第一步，申请一个域名；第二步，申请一个空间服务器；第三步，上传网站到服务器。

那么，如何将网站上传到远程服务器上？这需要将所有网页文件上传到配置好了 IIS 的远程服务器上，这个过程就是文件发布。下面就介绍配置 IIS 服务器和发布站点的基本方法。

5.2.1　关于 IIS

IIS（Internet Information Server，互联网信息服务）是由微软公司提供的一种 Web（网页）服务组件，其中包括 Web 服务器、FTP 服务器、NNTP 服务器和 SMTP 服务器，分别用于网页浏览、文件传输、新闻服务和邮件发送等方面，它使得在网络（包括互联网和局域网）上发布信息成了一件很容易的事。

作为网页制作者，掌握配置 IIS 服务器以及将网页发布到远程服务器的方法是基本要求。这里假设用户能够控制远程服务器，在这种情况下，用户就可以自行配置 IIS 服务器。配置好 Web 服务器，可以保证网页能够正常运行。配置好 FTP 服务器，可以保证能够上传网页。在配置 Web 服务器时，可以直接针对站点进行配置，这通常需要有单独的 IP 地址才能够访问，也可以在已有站点的下面创建一个虚拟目录进行配置，这样只需要使用已有站点的 IP 地址加上虚拟目录名称就可以访问。在配置 FTP 服务器时，也可以针对站点或虚拟目录进行配置，方法和道理类似 Web 服务器。

5.2.2　定义远程服务器

定义远程服务器的具体操作步骤如下：

（1）选择"站点"|"管理站点"命令，弹出"管理站点"对话框，如图 5 - 11 所示。

（2）单击"编辑"按钮，弹出"站点设置对象 测试"对话框。在对话框中选择"服务器"选项，如图 5 - 12 所示。

图 5 - 11　"管理站点"对话框

（3）在对话框中单击"添加新服务器"按钮，弹出远程服务器设置对话框。在"连接方法"下拉列表中选择FTP，在"FTP地址"文本框中输入站点要传到的FTP地址，在"用户名"文本框中输入拥有的FTP服务主机的用户名，在"密码"文本框中输入相应用户的密码。如图5-13所示，设置完远程信息的相关参数后，单击"保存"按钮。

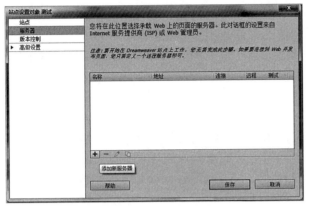

图5-12 "服务器"选项

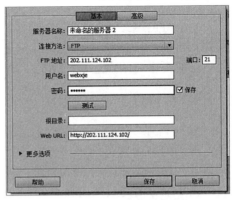

图5-13 设置远程信息

5.2.3 发布站点

发布站点的具体操作步骤如下：

（1）选择"窗口"|"文件"命令，打开"文件"面板，在面板中单击 按钮，如图5-14所示。

（2）弹出如图5-15所示的界面。在"文件"面板中单击"连接到远端主机"按钮 ，建立与远程服务器的连接。连接到服务器后，"连接到远端主机"按钮 会自动变为闭合 状态，并在一旁亮起一个小绿灯，列出远端网站的目录，右侧窗口显示为"本地文件"信息。

图5-14 "文件"面板

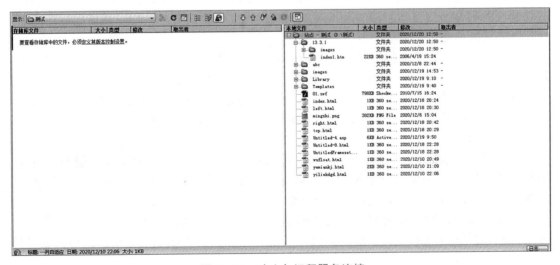

图5-15 建立与远程服务连接

（3）在本地目录中选择要上传的文件，单击"上传文件"按钮 ⬆，上传文件。上传完毕后，左边"远程服务器"列表框中将显示出已经上传的本地文件。

5.3　网站运营与维护

一个好的网站，仅仅一次是不可能制作完美的。由于市场环境在不断地变化，网站的内容也需要随之调整，给人经常更新的感觉，才会更加吸引访问者，给访问者好的印象。这就要求对站点进行长期的、不间断的维护和更新。

5.3.1　网站的运营工作

建一个网站，对于大多数人并不陌生，尤其是已经拥有自己网站的企业和机构。但是，提到网站运营可能很多人不理解，对网站运营的重要性也不明确，通常会忽视。网站运营包括网站需求分析和整理、频道内容建设、网站策划、产品维护和改进、部门沟通协调 5 个方面的具体内容。

1. 网站需求分析和整理

对于一名网站运营人员来说，最为重要的是了解需求。在此基础上，提出网站具体的改善建议和方案，对这些建议和方案要与大家一起讨论分析，确认是否具体可行。必要时，还要进行调查取证或分析统计，综合评出这些建议和方案的可取性。

依据需求加以创新，直接决定了网站的特色，有特色的网站才会更有价值，才会更吸引用户来使用。例如，新浪每篇编辑后的文章里，常会提供与内容极为相关的其他内容链接，供读者选择，这就充分考虑了用户的兴趣需求。网站细节的改变，应当是基于对用户需求把握而产生的。

需求的分析还包括对竞争对手的研究。研究竞争对手的产品和服务，看看他们最近做了哪些变化，判断这些变化是不是真的具有价值。如果能够为用户带来价值，完全可以采纳为己所用。

2. 频道内容建设

频道内容建设是网站运营的重要工作。网站内容决定了网站的定位。当然，也有一些功能性的网站，如搜索、即时聊天等，只是提供了一个功能，让用户去使用这些功能。使用这些功能最终仍是为了获取想要的信息。

频道内容建设，更多的工作是由专门的编辑人员来完成的，内容包括频道栏目规划、信息编辑和上传、信息内容的质量提升等。编辑人员做的也是网站运营范畴内的工作，属于网站运营工作中的重要成员。很多小网站或部分大型网站，网站编辑人员就承担着网站运营人员的角色，不仅要负责信息的编辑，还要提需求、做方案等。

3. 网站策划

网站策划，包括前期市场调研、可行性分析、策划文档撰写和业务流程说明等内容。策划是建设网站的关键，一个网站，只有真正策划好了，最终才有可能成为好的网站。因为，前期的网站策划涉及更多的市场因素。

根据需求来进行有效的规划。文章标题和内容怎么显示、广告如何展示等，都需要进行合理和科学的规划。页面规划和设计是不一样的，页面规划较为初级，而页面设计则上升到了更高级的层次。

4. 产品维护和改进

产品的维护和改进工作，其实与前面讲的需求整理分析有一些相似之处。但在这里，更强调的是产品的维护工作。产品维护工作更多应是对顾客已购买产品的维护，响应顾客提出的问题。

大多数网络公司都有比较多的客服人员。很多时候，客服人员对技术、产品等问题可能不是非常清楚，对顾客的不少问题又未能做很好的解答，这时，就需要运营人员分析和判断问题，或对顾客给出合理的说法，或把问题交技术去处理，或找更好的解决方案。

此外，产品维护还包括制订和改变产品政策、进行良好的产品包装、改进产品的使用体验等。产品改进，大多情况下，同时也是需求分析和整理的问题。

5. 部门沟通协调

这部分的工作内容更多体现的是管理角色。网站运营人员深知整个网站的运营情况，知识面相对来说比较全面，因此与技术人员、美工、测试和业务的沟通协调工作更多的是由网站运营人员来承担的。作为网站运营人员，沟通协调能力是必不可少的，要与不同专业性思维的人打交道。在沟通的过程中，可能会碰上许多不理解或难以沟通的现象，这些属于比较正常的情况。

优秀的网站运营人才要求具备行业专业知识，还要求具有文字撰写能力、方案策划能力、沟通协调和项目管理能力等方面的素质。

5.3.2 网站的更新维护

网站的信息内容应该经常更新。如果现在浏览者访问的网站看到的是去年的新闻或在秋天看到新春快乐的网站祝贺语，那么他们对企业的印象肯定大打折扣。因此注意实时更新内容是相当重要的。在网站栏目设置上，最好将一些可以定期更新的栏目如新闻等放在首页上，使首页的更新频率更高些。

网站风格的更新包括版面、配色等各方面。改版后的网站让客户感觉改头换面，焕然一新。一般改版的周期要长些，如果客户对网站还满意的话，改版周期就可以延长到几个月甚至半年。改版不宜过于频繁，一般一个网站建设完成以后，就代表了公司的形象、公司的风格，随着时间的推移，很多客户对这种形象已经形成了固定印象，如果经常改版，会让客户感觉不适应，特别是那种风格彻底改变的"改版"。当然，如果对公司网站有更好的设计方案，可以考虑改版。毕竟长期使用一种版面会让人感觉陈旧、厌烦。

参考文献

1. 刘西杰. 巧学巧用 Dreamweaver CS6 制作网页［M］. 北京：人民邮电出版社，2013.

2. 王君学，周淑娟，陈旭. 从零开始 Dreamweaver CS6 基础培训教程［M］. 北京：人民邮电出版社，2015.

3. 奎晓燕，贾楠. 边做边学——Dreamweaver CS5 网页设计案例教程［M］. 北京：人民邮电出版社，2014.

4. 胡崧，于慧. 超梦幻劲爆网页 Dreamweaver CS4、Flash CS4、Photoshop CS4 完美结合［M］. 北京：中国青年出版社，2009.